Ramin Amirmardfar

Tigre doméstico em miniatura

Ramin Amirmardfar

Tigre doméstico em miniatura

Como criar um tigre doméstico em miniatura?

ScienciaScripts

Imprint
Any brand names and product names mentioned in this book are subject to trademark, brand or patent protection and are trademarks or registered trademarks of their respective holders. The use of brand names, product names, common names, trade names, product descriptions etc. even without a particular marking in this work is in no way to be construed to mean that such names may be regarded as unrestricted in respect of trademark and brand protection legislation and could thus be used by anyone.

Cover image: www.ingimage.com

This book is a translation from the original published under ISBN 978-3-659-61058-5.

Publisher:
Sciencia Scripts
is a trademark of
Dodo Books Indian Ocean Ltd. and OmniScriptum S.R.L publishing group

120 High Road, East Finchley, London, N2 9ED, United Kingdom
Str. Armeneasca 28/1, office 1, Chisinau MD-2012, Republic of Moldova, Europe
Printed at: see last page
ISBN: 978-620-7-63269-5

Conteúdo

Notas biográficas do autor:

Ramin Amirmardfar nasceu em 19 de março de 1971 em Tabriz, província do Azerbaijão Oriental, no noroeste do Irão. Completou os estudos primários e secundários na mesma cidade e iniciou os estudos em 1989 em proteção das plantas na Universidade de Tabriz. Prosseguiu os seus estudos no domínio da entomologia agrícola na mesma universidade. Para além dos estudos académicos, interessou-se pela evolução dos animais/plantas e pelo efeito da gravidade da Terra sobre eles. A partir de 1990, começou a escrever artigos neste domínio e até nove deles foram publicados em revistas científicas. Em 2000 e 2001 publicou dois livros com os títulos "A relação entre a gravidade da Terra e a evolução animal" e "O ABC da evolução". Casou-se em 2003 e tem uma filha.

Este livro é dedicado a:

Giordano Bruno, Berterand Russell, Samad Behrangy e todos os cientistas antes de mim

Prefácio

Na nossa sociedade, as invenções importantes, cujo valor científico é óbvio, são rapidamente aceites pela maioria e têm muito valor material para os seus proprietários, mas aqueles que descobrem os princípios fundamentais e a base científica não recebem qualquer recompensa e, por vezes, a sua vida chega ao fim, não só porque não viram qualquer recompensa, mas também porque ninguém compreendeu o seu objetivo. Mas, em vez disso, quando outra invenção chega ao mercado, a fama do primeiro grupo desaparece, enquanto a fama do segundo grupo aumenta, e a importância do princípio científico aumenta com o aumento do seu número e do seu número de aplicações.

As pessoas que têm muito conhecimento e não adoptam o seu conhecimento umas com as outras e também não o relacionam entre si, embora as pessoas de mente simples os considerem cientistas, mas na realidade não têm qualquer diferença com as pessoas simples e ignorantes, e estes conhecimentos irrelevantes não têm qualquer valor. Quando o conhecimento é adotado por um crescimento regular e unificado e é harmonioso, pode ser chamado de conhecimento integrado. Este tipo de conhecimento não pode ser obtido através da acumulação de alguma informação e da reunião de regras grandes ou pequenas e irrelevantes, mas deve ser estudado e analisado com mansidão, para que o cérebro possa escolher e absorver o que precisa. Quando o conhecimento e a informação se tornam exclusivos e complicados, a necessidade da sua unidade é cada vez mais sentida. Se não se encontrar uma pessoa nervosa para fazer tal coisa, o mundo das ciências será inexpugnável muito em breve. Atualmente, há muitos profissionais que, como uma abelha, não têm consciência do trabalho que estão a fazer. Trabalham avidamente num canto e também o seu trabalho é muito útil. Mas a ciência não é específica para os resultados do seu trabalho individual.

O crescimento da ciência é como o crescimento de uma criatura viva; algumas pessoas devem ocupar-se deles, e devem integrá-los e combiná-los, para que possam unificá-los com sucesso. Se não houver uma tentativa de recolher e unificar os conhecimentos, os factos científicos separados e as pequenas teorias aumentarão, mas a ciência desaparecerá per se. A pessoa que se dá ao trabalho de compreender as partes muito complicadas da ciência e de as culminar, é como um transeunte que observa o deserto e tudo o que nele existe, a partir do cimo de uma montanha, as colinas com as suas formas estranhas e as florestas espessas já não o confundem, e ele pode vê-las todas do cimo da montanha e nenhuma delas impede que as outras sejam vistas por ele, e ele pode vê-las todas e pode diferenciar e reconhecer as suas relações. Não é necessário que o integrado seja mais amplo do que outras ciências específicas, porque a pessoa que quer adquiri-lo, não tenta estar ciente dos punctilios e dos mistérios que são atribuídos ao conhecimento exclusivo ou não quer encher seu cérebro com eles. A maior parte dos punctilios que são adquiridos pelo cientista perito num trabalho árduo, não tem importância para um cientista abrangente. Tal como o desenho do curso de água de um rio é muito simples para um desenhador, para descobrir o que muitas pessoas trabalharam arduamente. Também para um cientista abrangente, o registo de factos e pensamentos científicos é muito simples; cada um deles é o resultado do trabalho árduo e da inteligência dos cientistas. Mas a maior parte dos cientistas prefere não ir além das experiências e da experiência. Mas tudo o que fazem torna-se mais duvidoso e, muito rapidamente, as tentativas mais expeditas de adquirir conhecimentos experimentais parecem-lhes um acontecimento acidental.

Quando comparamos a decisão determinada e a tentativa de um cientista abrangente com a hesitação de outras pessoas, podemos considerá-lo um herói. Sinceramente, este caso tem um aspeto heroico, porque tem um aspeto de aventura. As investigações exclusivas geralmente não enfrentam o fracasso, porque os seus resultados são imediatos e trazem alívio. Um astrónomo que nos extrai o calendário correto e um químico que nos fornece as cores, assim como um padeiro que nos traz o pão do forno, estão conscientes do resultado do seu trabalho, e também escrever as cartas regularmente e colocá-las nos seus lugares com cuidado ou colocar a fila dos insectos e conchas e escrever notas e artigos sobre eles é satisfatório para a maioria das pessoas. Eles sabem que o seu trabalho permanecerá para sempre, porque fornecem os materiais, que são a base de qualquer composto científico, com o passar do tempo os edifícios são construídos com estes materiais, e talvez o edifício seja destruído, mas os materiais permanecem! A maioria dos cientistas pára aqui, ou seja, fornecem o material mas não constroem o edifício. Suponho que têm medo de se desconcertarem e não avançam seguindo o seu instinto natural. Têm o direito de não avançar, mas o pensamento de que onde quer que se desorientem, todos eles estarão envolvidos nessa situação, é errado. Se se disser que as teorias de um cientista abrangente precedem as suas experiências, a resposta é que este inconveniente é verdadeiro para todas as outras teorias científicas e a pessoa que apresenta uma teoria não deve ser questionada se ela própria a testou ou não.

"George Sarton"

"O meu tempo há-de chegar."

Gregor Mendel

Introdução

É essencial que o oxigénio seja transportado através do sangue para todas as células de um mamífero em qualquer momento. Isto assegura a sobrevivência de todas as células do corpo de um mamífero. Se o volume de um mamífero for grande, a distância entre as células dos diferentes tecidos e o coração do mamífero é maior. Por conseguinte, os glóbulos vermelhos no corpo dos mamíferos volumosos devem ser capazes de transportar o oxigénio para distâncias mais longas. Para que isso seja prático, o oxigénio deve ser colado às células sanguíneas de forma tenaz. Por outras palavras, a coesão do oxigénio aos glóbulos vermelhos deve ser mais forte nos mamíferos volumosos do que nos pequenos. No corpo dos mamíferos, o fator que controla a quantidade de coesão do oxigénio aos glóbulos vermelhos são os fosfatos orgânicos (como o DPG). Quanto menos DPG houver nos glóbulos vermelhos de um mamífero, maior será a coesão do oxigénio aos glóbulos vermelhos à mesma velocidade. Se o oxigénio se colar mais tenazmente aos glóbulos vermelhos, então será transportado para mais longe, permitindo que os mamíferos tenham maior volume à mesma velocidade. A quantidade de fosfatos orgânicos (por exemplo, DPG) dos glóbulos vermelhos diminui respetivamente em função do tamanho do rato, da ratazana, do gato, da raposa, da ovelha, do cavalo e do elefante.

Os mamíferos podem ser encontrados em diferentes tamanhos na natureza. A maioria dos cientistas acredita que as circunstâncias ambientais e o estilo de vida dos mamíferos determinam o seu tamanho corporal. Por isso, os cientistas não têm procurado encontrar um fator fisiológico para esta diferença de tamanho entre os mamíferos. Mas a minha investigação sobre o tamanho dos animais e das plantas especificou que existe uma relação direta entre o tamanho dos animais/plantas e o sistema circulatório de sangue/fluidos.

As moléculas de oxigénio entram no sangue a partir dos pulmões e aderem aos glóbulos vermelhos. Depois de percorrerem uma certa distância, chegam aos tecidos e separam-se dos glóbulos vermelhos, sendo depois utilizadas pelas células. O que faz com que as moléculas de oxigénio se combinem com a hemoglobina e se fixem nos glóbulos vermelhos? O que faz com que as moléculas de oxigénio se separem da hemoglobina nos tecidos? E o ponto mais importante é que, o que faz com que as moléculas de oxigénio se separem dos glóbulos vermelhos mais cedo ou mais tarde?

A transferência de oxigénio para o sangue é feita através da circulação. A razão para isso é a espessura ou pressão do oxigénio. A pressão do oxigénio nos pulmões é superior à dos capilares pulmonares. Assim, o oxigénio entra no sangue a partir dos pulmões. Estas moléculas de oxigénio misturam-se com a hemoglobina nos glóbulos vermelhos, deslocam-se para o coração e depois para os tecidos. Quando estas moléculas chegam perto dos tecidos, separam-se dos glóbulos vermelhos devido à escassez de pressão de oxigénio[6], mas esta separação é diferente entre as espécies de mamíferos. A maior parte das moléculas de oxigénio separa-se da hemoglobina dos glóbulos vermelhos no corpo do rato a 45 mmHg. Mas isto acontece em 22,5 mmHg no corpo do elefante. (Figura 1).

Afinidade oxigénio-hemoglobina

Isto significa que as moléculas de oxigénio se combinam com a hemoglobina de forma muito fraca no corpo do rato. Ao afastar-se um pouco dos pulmões, a espessura do oxigénio torna-se mais fraca e, por isso, separa-se da hemoglobina e os glóbulos vermelhos não podem deslocar-se por distâncias maiores.

Mas no corpo do elefante a aderência é maior entre o oxigénio e a hemoglobina; a pressão do oxigénio diminui ao afastar-se dos pulmões. Mas a maioria das moléculas de oxigénio continua a aderir à hemoglobina e a deslocar-se para os tecidos mais distantes. Por outro lado, os tecidos do rato não podem estar longe dos pulmões e do coração porque o oxigénio não pode deslocar-se a grande distância, mas é diferente no corpo da baleia e do elefante porque têm a certeza de que todos os seus tecidos receberão oxigénio. Porque é que há diferenças de aderência entre os mamíferos? Simplificando, porque é que a combinação de moléculas de oxigénio e hemoglobina é mais forte no sangue do elefante do que no do rato?

A resposta à pergunta está relacionada com os fosfatos orgânicos (como o DPG) que existem no sangue dos mamíferos. Quanto mais fosfatos orgânicos, menor é a aderência entre o oxigénio e a hemoglobina, como é o caso da hemoglobina do rato. Pelo contrário, quanto menos fosfatos orgânicos, maior o poder de aderência, como no corpo do elefante. Simplesmente, os fosfatos orgânicos tornam a aderência entre as moléculas de oxigénio e a hemoglobina mais fraca, pelo que existe uma relação inversa entre a quantidade de fosfato orgânico e o poder de aderência. Quanto menor a quantidade de fosfatos orgânicos, maior o tamanho dos mamíferos.

Mouse	....	**45.0** mmHg
Rat	....	**42.0** mmHg
Cat	....	**38.0** mmHg
Fox	....	**35.0** mmHg
Dog	....	**30.0** mmHg
Sheep	....	**30.0** mmHg
Man	....	**28.0** mmHg
Horse	....	**25.0** mmHg
Elephant	....	**22.5** mmHg

(Figura 1)

(Figura 1) As espécies de mamíferos e a pressão de oxigénio em que a hemoglobina abandona a maior parte do seu oxigénio para os tecidos]. No corpo do elefante, a aderência entre o oxigénio é mais forte e a pressão do oxigénio diminui à medida que se afasta dos pulmões. Mas a maior parte das moléculas de oxigénio continua a aderir à hemoglobina e desloca-se para os tecidos mais distantes. Mas os tecidos do rato não podem estar longe dos pulmões e do coração porque o oxigénio não pode deslocar-se a grande distância.

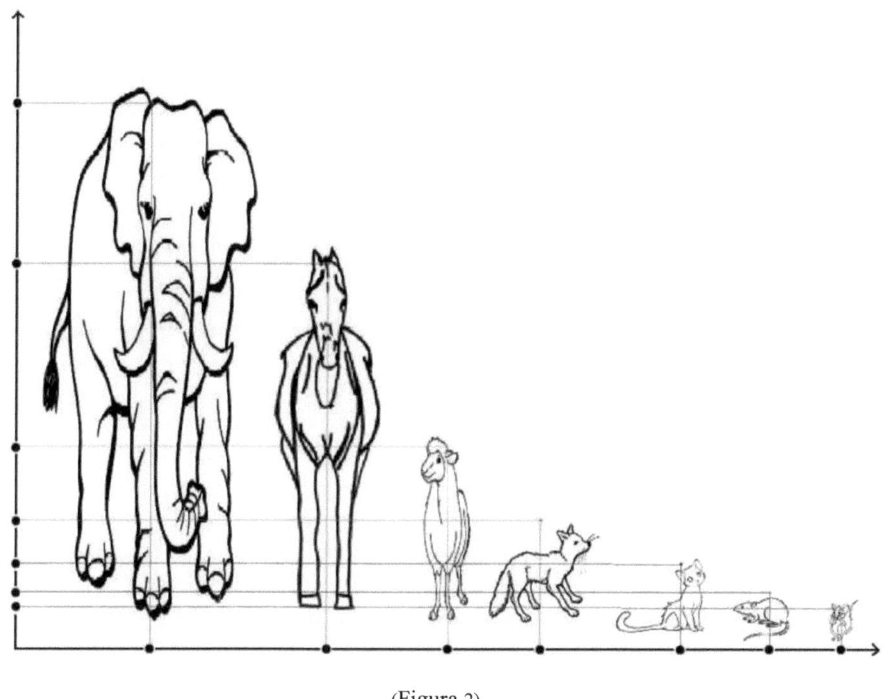

(Figura 2)

(Figura 2) O eixo "Y" representa o tamanho do corpo dos mamíferos. O eixo "X" representa a quantidade de fosfatos orgânicos (como o DPG) existentes no sangue. Os fosfatos orgânicos tornam mais fraca a aderência entre as moléculas de oxigénio e a hemoglobina, pelo que existe uma relação inversa entre a quantidade de fosfatos orgânicos e o poder de aderência. Quanto menor for a quantidade de fosfatos orgânicos, maior será o tamanho dos mamíferos.

O fator fisiológico que controla o volume dos mamíferos é a quantidade de fosfatos orgânicos (como o DPG) existente nos glóbulos vermelhos dos mamíferos. Os fosfatos orgânicos enfraquecem a aderência entre as moléculas de oxigénio e a hemoglobina, pelo que existe uma relação oposta entre a quantidade de fosfatos orgânicos e o poder de aderência. Quanto menor a quantidade de fosfatos orgânicos, maior o tamanho dos mamíferos (Figura 2).

A "Redução da taxa de metabolismo - Aumento do tamanho do corpo" está relacionada com a quantidade de fosfatos orgânicos no sangue.

Porque é que os pequenos mamíferos têm uma taxa metabólica mais elevada do que os grandes mamíferos? Os cientistas acreditam que isso se deve ao facto de os animais mais pequenos terem um rácio superfície/volume mais baixo e, por conseguinte, uma maior perda relativa de calor para o ambiente por unidade de tempo. Para manter uma temperatura corporal constante apesar da rápida perda de calor através de uma superfície corporal, um animal pequeno tem de oxidar os alimentos a uma taxa elevada (Figura 7).

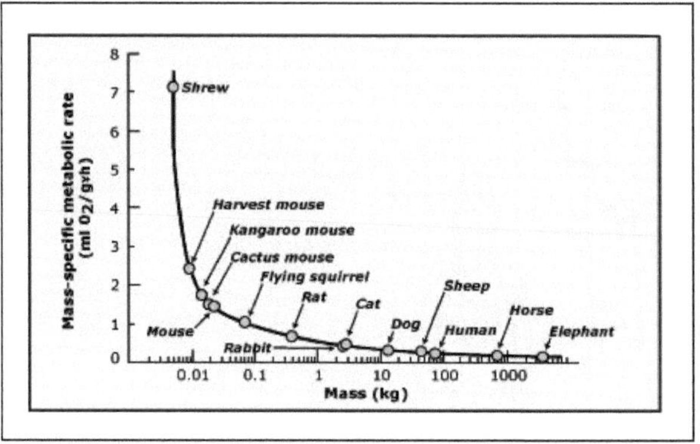

http://www.science20.com/curious_cub/mutation_rates_and_lifehistory_traits-80116

(Figura 7)

Mas o resultado desta investigação mostra que o facto de a taxa de metabolismo ser elevada nos pequenos mamíferos se deve ao facto de cada célula receber bastante oxigénio a qualquer momento. Sendo fraca a força de coesão entre o oxigénio e a hemoglobina, todas as moléculas de oxigénio transportadas pelo sangue são evacuadas ao longo de um percurso muito curto, permitindo que cada célula absorva bastante oxigénio e, consequentemente, as células possam aumentar o seu metabolismo. A força de coesão entre o oxigénio e a hemoglobina é demasiado fraca no rato. Os glóbulos vermelhos não são capazes de transportar o oxigénio ao longo de um caminho distante e todas as moléculas de oxigénio são abandonadas na distância mais próxima. Assim, cada célula do rato recebe bastante oxigénio em qualquer momento e pode ter um metabolismo elevado. Mas a força de coesão entre o oxigénio e a hemoglobina é elevada num elefante. O oxigénio não se separa facilmente da hemoglobina e desloca-se ao seu lado ao longo de um longo caminho. As moléculas de oxigénio captadas pelos glóbulos vermelhos são retiradas gradualmente ao longo de um longo caminho e são distribuídas por muitas células. Poucas moléculas de oxigénio chegam a cada célula do corpo do elefante, o que faz com que o metabolismo das células permaneça baixo.

Os cientistas da des-extinção nunca poderão fazer reviver os mamutes gigantes na Terra

Os cientistas da extinção pensam que, utilizando os genes existentes nos mamutes congelados, é possível recriá-los na Terra. É impossível com a gravidade atual da Terra.

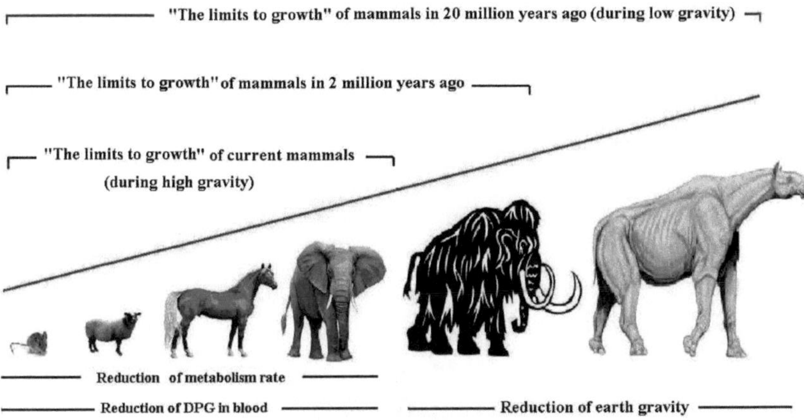

(Figura 8)

(Figura 8) mostra que os mamíferos não podem ser maiores do que o tamanho de um elefante nas circunstâncias actuais. A taxa de metabolismo diminui com o aumento do tamanho do corpo dos mamíferos. A taxa de metabolismo mais baixa possível para a sobrevivência de um mamífero é uma determinada quantidade e o mamífero morrerá abaixo dela. Atualmente, a taxa de metabolismo mais baixa possível para sobreviver pertence ao elefante. . De acordo com este gráfico, atualmente um mamífero do tamanho de um mamute terá uma taxa de metabolismo abaixo do limite de sobrevivência. Assim, os cientistas da des-extinção nunca poderão reviver os mamutes nas condições actuais.

Como criar um tigre doméstico em miniatura?

É possível utilizar esta ciência em ciências aplicadas (como a criação e o maneio de animais domésticos) e maximizar ou miniaturizar o tamanho do corpo (volume) dos animais domésticos devido às necessidades dos avicultores.

É claro que o homem já fez este trabalho inconscientemente em cães domésticos. O homem criou artificialmente cães de diferentes tamanhos sem qualquer consciência do mecanismo desta ação (Figura 3a, 3b) (Figura 4a, 4b).

Com a ajuda desta investigação, é possível criar animais domésticos no tamanho desejado, de forma consciente e de olhos abertos (Figuras 5a, 5b) (Figuras 6a, 6b).

(Figura 3a)

(Figura 3b)

(Figura 3) A quantidade de DPG no sangue é baixa, portanto o cão é grande; (Figura 3a) A quantidade de DPG no sangue é alta, portanto o cão é pequeno; (Figura 3b)

(Figura 4a)

(Figura 4b)

(Figura 4a) A quantidade de DPG no sangue é baixa, pelo que o cavalo é grande.

(Figura 4b) A quantidade de DPG no sangue é elevada, pelo que o cavalo é pequeno.

(Figura 5b) (Figura 5 a)

(Figura 5a) A quantidade de DPG no sangue dos ovinos é elevada, pelo que os ovinos são pequenos.

(Figura 5b) Se a quantidade de DPG diminuir no sangue dos ovinos, estes serão maiores.

(Figura 6a)

(Figura 6b)

(Figura 6a) A quantidade de DPG no sangue do tigre é baixa, pelo que a vaca é grande.

(Figura 6b) Se a quantidade de DPG aumentar no sangue da vaca, o tigre será mais pequeno.

Capítulo 1. Porque é que os insectos têm pequenos volumes?

Antes de explicar a minha nova teoria, chamo a atenção para as teorias que já foram apresentadas anteriormente a este respeito.

Exoesqueleto:teoria: Os insectos têm exoesqueleto e esta teoria aponta para o facto de este esqueleto não ser capaz de crescer mais. Na verdade, o inseto está preso dentro deste esqueleto e não é capaz de crescer mais. Defeitos desta teoria: Todos os artrópodes possuem exoesqueleto, e alguns deles, como os caranguejos, são capazes de possuir um corpo bastante grande, o que não está de acordo com esta teoria. Pelo contrário, há alguns insectos que possuem um exoesqueleto mais macio, mas também não são capazes de aumentar de tamanho. Também no passado (há 250 milhões de anos), havia insectos que possuíam corpos grandes (como a libélula com 75 cm de comprimento) e esta teoria não consegue explicar a razão da sua existência. Porque também tinham um exoesqueleto duro, mas eram capazes de se alargar!

Teoria do sistema respiratório: O sistema respiratório dos insectos é constituído por tubos finos e capilares chamados traqueias que fornecem oxigénio diretamente, através dos poros existentes no corpo, a todas as células interiores dos corpos dos insectos. Isto significa que, ao contrário de outros animais, o oxigénio não é transportado pelo sangue. Ele flui através do interior das traqueias por meio do fenómeno de propagação, e chega às células. Esta teoria diz que a propagação do oxigénio no interior das células só é possível em intervalos curtos e que, se os insectos tiverem um corpo grande, o comprimento das traqueias será maior e o oxigénio não conseguirá chegar às células. Por isso, os insectos são obrigados a ter um corpo pequeno. Sobre a existência de grandes insectos no passado, esta teoria prevê a existência de uma elevada percentagem de oxigénio na atmosfera terrestre. De acordo com esta teoria, a quantidade de oxigénio na atmosfera, há 250 milhões de anos, era superior ao oxigénio, o que tornaria possível a sua propagação através das longas traqueias dos insectos. Assim, os insectos dessa época conseguiam ser mais compridos do que os actuais.

A minha teoria baseia-se no sistema de circulação sanguínea dos animais. A teoria compara o poder e a evolução do sistema de circulação sanguínea dos animais e expressa a relação entre a grandeza do volume e o poder do sistema de circulação sanguínea. De acordo com esta teoria, se o sistema de circulação sanguínea for mais forte e completo, o volume dos animais pode ser maior (maior). O sistema de circulação sanguínea dos insectos é demasiado incompleto e não existem vasos sanguíneos. Os corpos dos insectos, com falta de vasos sanguíneos, não são capazes de fornecer sangue que consiste em nutrição para as células remotas, pelo que o seu corpo é forçado a ser pequeno. Nesta teoria, a pressão do ar e a gravidade são dois factores físicos que têm impacto na função do sistema de circulação sanguínea. O maior esforço do sistema de circulação sanguínea é utilizado para vencer a gravidade. Quanto mais forte for o sistema de circulação sanguínea, mais capaz é de vencer a gravidade e enviar o sangue para o cérebro dos animais. Consequentemente, o animal é capaz de crescer mais e ser mais alto. Por exemplo, os elefantes e as girafas, que possuem o sistema de circulação sanguínea mais evoluído e mais forte, são os maiores e mais altos de todos os animais.

Capítulo 2. Porque é que um inseto não pode crescer até ao tamanho de uma girafa?

As criaturas da Terra têm tamanhos diferentes. Todos os vertebrados, moluscos, vermes, insectos, pertencem ao reino animal. Mas vemos que as suas espécies individuais apresentam variações extremas de tamanho. Os maiores animais, como as baleias e as girafas, pertencem à classe dos Mammalia, e os mais pequenos, ou seja, os insectos e os Acarina, pertencem aos Arthropoda. A grandeza e a pequenez são qualidades relativas. Uma coisa, por si só, não pode ser grande ou pequena, e só por comparação com outras coisas é que se torna grande ou pequena. Se observássemos apenas os insectos do mundo, não poderíamos dizer que são criaturas pequenas, mas quando vemos uma mosca a descansar ao lado de um cavalo, ficamos surpreendidos com a grande diferença de tamanho, e surge-nos a questão: Porque é que os insectos são mais pequenos do que as outras criaturas? "Devido ao peso limitado do exoesqueleto duro, o tamanho de nenhuma criatura artrópode ultrapassa uma determinada extensão. Esta tem sido a resposta dos zoólogos e entomologistas à pergunta anterior. Mas a resposta não é satisfatória nem para eles próprios. Porque o corpo de muitos insectos é macio, mas ainda assim são muito pequenos, e contra estes estão os lagostins cujo exoesqueleto é muito duro, mas são muito maiores do que os insectos! Os entomologistas comparam a estrutura do corpo de um inseto com a de um animal de grande porte, como uma girafa. Procuram encontrar factores no corpo dos insectos que impeçam o seu crescimento. Mas, até à data, têm tido pouco sucesso. Para encontrar uma resposta adequada, temos de olhar noutra direção. Por outras palavras, em vez de procurarmos o fator preventivo do crescimento dos insectos, temos de procurar no corpo da girafa o sistema que falta aos insectos e que contribui para o aumento do tamanho do corpo. A cabeça, que transporta o cérebro, é a parte mais importante do corpo de qualquer criatura. O cérebro é importante e sensível, e deve receber água e alimentos suficientes a toda a hora. Fornecer a água e os materiais necessários ao cérebro é uma das principais responsabilidades do sistema circulatório. O coração, como uma bomba, faz girar o sangue, que transporta água e substâncias nutritivas, e os vasos transportam o sangue para o cérebro, através de outros órgãos, que actuam como tubos. Suponhamos que queremos enviar água de um tanque, que está colocado na parte inferior de uma estrutura, para os andares superiores para uso dos residentes da estrutura. Mas se não usarmos tubos (canalização) e tentarmos simplesmente realizar o trabalho apenas com uma bomba, será uma tarefa difícil. A bomba não pode transportar a água para os pontos considerados dos andares superiores sem tubos e canalizações, e só até um certo ponto a bomba pode lançá-la para cima. Neste caso, a água não só não chegará aos pontos desejados dos pisos superiores da estrutura, como também nos pisos inferiores, em vez de chegar aos pontos desejados (casa de banho e cozinha) inundará todas as divisões e paredes. Sem tubos de canalização, não poderíamos tornar funcionais as estruturas altas, e seríamos convencidos a construir as baixas para distribuir a água pelos seus habitantes. No corpo da girafa, não existe apenas uma bomba forte (coração), mas também muitos tubos de "canalização" (artérias, veias, capilares), de modo que o seu corpo pode transportar facilmente o sangue para os pontos mais altos, onde se encontra o cérebro, e para outros órgãos e sistemas. Qualquer órgão do corpo de uma girafa pode receber a quantidade de sangue de que necessita. Quando o animal se alimenta, o sangue é sucintamente conduzido para o seu sistema digestivo, que funciona como órgão de alimentação. Qualquer célula do corpo da girafa pode receber as quantidades necessárias de água e outras substâncias dos sistemas capilares mais próximos e enviar as substâncias redundantes e desnecessárias para serem eliminadas, através do mesmo sistema. Mas a estrutura do corpo de um inseto possui um sistema completamente diferente. Não existe uma "canalização" para distribuir a "água", mas apenas uma bomba (coração), que transporta o sangue da dorsal e o empurra para a frente. Não há nenhum andar superior nesta estrutura, e nos quartos inferiores, a água, em vez de fluir em tubos, enche todos os quartos, e os residentes são basicamente inundados em água. Os indivíduos nos pisos inferiores de um inseto, não só recebem comida da "água", como também deitam nela substâncias desnecessárias. Os insectos têm um sistema circulatório aberto. Isto significa que não existem vasos ou "canalizações" no seu corpo e que o sangue circula livremente através dele. Aí, todos os locais estão cheios de sangue e os órgãos e sistemas do corpo estão a "afogar-se" nele. Dele recebem água e substâncias necessárias, e nele despejam as excreções desnecessárias. O coração, por falta de vasos, não pode levar o sangue a grandes distâncias e pontos altos, pelo que todos os sistemas do corpo têm de se reunir à volta do coração, para não sofrerem a falta de água e de substâncias necessárias. Os sistemas circulatórios dos insectos têm pouca autoridade sobre a taxa de distribuição do sangue aos diferentes órgãos, e os órgãos que estão perto do coração recebem mais materiais necessários e gozam de condições preferenciais. O cérebro, sendo o mais importante, está situado em frente da aorta, onde o sangue sai do coração. O coração pega sempre no sangue da parte de trás do corpo e empurra-o para a frente, em direção à cabeça. Se o cérebro do inseto estivesse num ponto alto, como o cérebro da girafa, o coração não poderia enviar-lhe sangue por falta de vasos, pelo que o cérebro e os outros órgãos do inseto têm de estar perto do coração. Por outras palavras, o tamanho do inseto tem de ser pequeno. Desta forma, é óbvio que qualquer criatura que queira crescer em tamanho, tem de ter as necessidades de distribuição do sangue, e como os insectos não têm esses meios, não podem crescer em tamanho. Por outras palavras, os insectos, por não terem os vasos "canalizadores", têm tamanhos pequenos, e as girafas, tendo tantos vasos, podem então tornar-se comparativamente grandes. De um modo geral, pode dizer-se que qualquer criatura que tenha um sistema circulatório mais completo, tornar-se-á maior do que as outras. Para ajudar a tornar a questão mais clara, vale a pena comparar o sistema circulatório e o tamanho de algumas outras criaturas. Há espécies do grupo dos vermes que, em geral, não possuem sistema circulatório e são muito pequenas e microscópicas, como os Nematoda e os Bryozoa. Alguns vermes têm um sistema circulatório simples, constituído por alguns vasos lineares e um pequeno coração. Estas espécies podem tornar-se um pouco maiores, como é o caso dos Phoronidea, Sipunculoidea e Brachiopoda. Entre as minhocas, apenas as segmentadas possuem um sistema circulatório avançado, constituído por vasos lineares e parciais, alguns corações e capilares. A sua circulação sanguínea é fechada. Os vermes segmentados, que possuem tal sistema circulatório, são as maiores espécies entre as minhocas, ou seja, Rhinodrilus Fafneri que atinge 210cm de comprimento e 2,5cm de diâmetro, e Eunice Gigantea que tem 3m de comprimento. No grupo dos Mollusca, observamos uma variedade de sistemas circulatórios, tanto abertos como fechados. Os indivíduos de sistema circulatório aberto, com poucos vasos e coração simples, como os Amphineura e os Gastropoda, são mais pequenos. Mas os indivíduos cujo sistema circulatório é mais avançado, como os Bivalves, são de maior tamanho. Finalmente, os Cephalopoda, que são os mais desenvolvidos dos Mollusca, e têm um sistema circulatório fechado com muitos vasos e câmaras cardíacas, são maiores do que outros Mollusca, como os grandes Polvos e Architeuthis, que têm um corpo de 2,5m de comprimento e braços de 12-18m. Todos os membros do grupo dos Artrópodes têm um sistema circulatório aberto, pelo que não podem crescer muito. A extensão do processo evolutivo, no entanto, não é a mesma entre todos os indivíduos deste grupo. Entre os artrópodes, os lagostins são as maiores espécies, porque o seu sistema circulatório, para além do coração, tem muitas artérias e o coração pode conduzir o sangue a distâncias relativamente grandes dentro delas. Mas devido à falta de capilares e veias, o sangue é distribuído na sua "cavidade corporal". Além disso, o sistema circulatório é aberto. O sistema circulatório dos escorpiões e de alguns outros artrópodes tem menos artérias, por isso são mais pequenos do que os lagostins. Todos os insectos não têm vasos, e apenas têm um Vaisseau Dorsal, que consiste em alguns ventrículos e termina numa aorta curta. Assim, os insectos devem manter um tamanho relativo pequeno. Entre os insectos, aqueles que têm um Vaisseau Dorsal mais longo, como as baratas e as gafanhotos, são maiores do que aqueles cujo Vaisseau Dorsal é mais curto, tendo menos ventrículos, ou seja, os Coccidaes. O tamanho dos insectos mais pequenos é inferior ao das maiores Monocélulas, ou seja, 0,25mm. Mas estes insectos não são os artrópodes mais pequenos. Os Acarina são os mais pequenos. As Acarias Parasitas Vegetais são ainda mais pequenas que 0,1mm. Para observar as Acarias do grupo Eryophidae, são necessários e utilizados instrumentos de ampliação. Assim, estas pequenas Acarias devem ter um sistema circulatório mais simples do que o dos insectos. As Acarias maiores, como os insectos, têm uma Vassea Dorsal e um coração. Mas as pequenas Acarias não têm esses órgãos e a sua circulação é feita apenas pelos músculos do corpo e pelos movimentos dos órgãos internos, como o sistema digestivo. Entre os Vertebrata, os que possuem um sistema circulatório mais completo, são os maiores, ou seja, os Mammalia, cujo sistema circulatório é o mais complexo e completo, por isso se tornam as espécies maiores, como a baleia, o elefante e a girafa. Assim, no seu conjunto, concluímos que qualquer ser vivo na Terra estabelece uma relação direta entre o seu sistema circulatório e o seu tamanho relativo. Nenhum ser da Terra é exceção a este princípio.

Capítulo 3. Relação entre a potência do sistema circulatório sangue/fluido e o tamanho dos animais.

Os crocodilos não são um réptil.

Descobri pela primeira vez que cada animal ou planta que tem um sistema circulatório de sangue e fluidos mais forte pode ter um volume maior.

Os insectos actuais nunca poderão atingir o tamanho dos animais maiores porque não possuem os tubos e o sistema de bombagem necessários para contrariar a influência da gravidade. Tradicionalmente, o problema do exoesqueleto e da muda são invocados para explicar o crescimento limitado dos insectos, mas este ponto ignora que os primeiros insectos atingiam dimensões muito maiores do que os actuais. A Meganeuropsis permiana, uma libélula antiga, media uns impressionantes 71 cm de ponta a ponta da asa. Na minha teoria, a relação entre estrutura, gravidade e função é importante. O tamanho de um organismo depende do tipo do seu sistema circulatório. Podemos pensar nisto como uma escala que começa com os animais mais pequenos e termina com os maiores. Os animais mais pequenos não têm sistema circulatório; os ligeiramente maiores têm um sistema circulatório aberto. À medida que aumentam de tamanho, organismos como os crustáceos (caranguejos) e alguns moluscos bivalves (amêijoas) têm um sistema circulatório semi-aberto que inclui algumas veias e artérias, sem capilares. Seguem-se animais ainda maiores que têm um sistema circulatório fechado. Dentro do grupo que tem um sistema circulatório fechado encontram-se diferentes tipos de corações. Por exemplo, os corações das rãs têm corações incompletos de 3 câmaras, os corações dos répteis têm três câmaras, os crocodilos têm corações incompletos de 4 câmaras e os corações das aves e dos mamíferos têm quatro câmaras.

ARTRÓPODES VIVOS	ESTRUTURA DO SISTEMA CIRCULATÓRIO	TAMANHO DO CORPO
Eriophyidae (Acari)	No geral, falta o sistema circulatório. Faltam os vasos e um coração simplex.	Muito pequeno e microscópico
Insectos	Sistema circulatório aberto,	Pequeno
Caranguejos	O sistema circulatório semi-aberto tem algumas artérias, sem veias e capilares.	Maior espécie entre os Artrópodes

VERMES VIVOS	ESTRUTURA DO SISTEMA CIRCULATÓRIO	TAMANHO DO CORPO
Nematoda Bryozoa	Em geral, falta o sistema circulatório	Muito pequeno e microscópico

Phoronidea Sipunculoidea Brachiopoda	Estes vermes têm um sistema circulatório simples constituído por alguns vasos lineares e um coração simples	Um pouco maior
Vermes segmentados	Estes vermes têm um sistema circulatório avançado, constituído por vasos lineares e parciais, alguns corações e capilares. A sua circulação sanguínea é fechada.	As maiores espécies entre as minhocas. Rhinodrilus Fafneri que atinge 210cm de comprimento e 2,5cm de diâmetro, e Eunice Gigantea que tem 3m de comprimento.

MOLUSCOS VIVOS	ESTRUTURA DO SISTEMA CIRCULATÓRIO	TAMANHO DO CORPO
Amphineura Gastropoda	Sistema circulatório aberto, poucos vasos e um coração simplex	Pequeno
Bivalves	O sistema circulatório é mais avançado. O sistema circulatório semi-aberto tem algumas veias e artérias, sem capilares.	Tamanho grande
Cefalópodes	Chephalopoda, são os mais desenvolvidos dos Mollusca, e têm um sistema circulatório fechado com muitos vasos e câmaras cardíacas	As maiores espécies de moluscos são os polvos e os arquiteutos, que têm um corpo de 2,5 m de comprimento e braços de 12 a 18 m.

VERTEBRADO TERRESTRE VIVO	ESTRUTURA DO SISTEMA CIRCULATÓRIO	TAMANHO DO CORPO
Anfíbios	As larvas têm o coração com duas câmaras. As larvas são geralmente aquáticas. Os adultos têm o coração incompleto com 3 câmaras.	pequeno

Répteis	O sistema circulatório é imperfeito e o seu sangue escuro mistura-se com o sangue claro, porque o seu coração tem 3 câmaras. Uma parede incompleta entre os seus ventrículos.	Os répteis não conseguem manter a cabeça erguida, têm de se arrastar no chão e têm pernas mais curtas. Um pouco maiores
Crocodilos	Corações incompletos de 4 câmaras. Uma parede completa entre os seus ventrículos, mas o seu sangue escuro mistura-se com o sangue claro.	Maior dos répteis
Aves	A seguir aos mamíferos, as aves têm o sistema circulatório mais desenvolvido. O seu coração também tem 4 câmaras	Maior, com pescoço e pernas compridos
Mamíferos	Os mamíferos têm o sistema circulatório mais desenvolvido e um coração com 4 câmaras.	Os maiores animais terrestres. Os mamíferos têm os pescoços e as pernas mais compridos.

Os zoólogos colocam todos os animais em **três** grupos:

1) Falta o sistema circulatório

2) Sistema circulatório aberto

3) Sistema circulatório fechado

Mas, **pela** primeira vez, utilizo o termo "**sistema circulatório semi-aberto**" e coloco os animais em quatro grupos.

1) Falta o sistema circulatório

2) Sistema circulatório aberto

3) **Sistema circulatório semi-aberto**

4) Sistema circulatório fechado

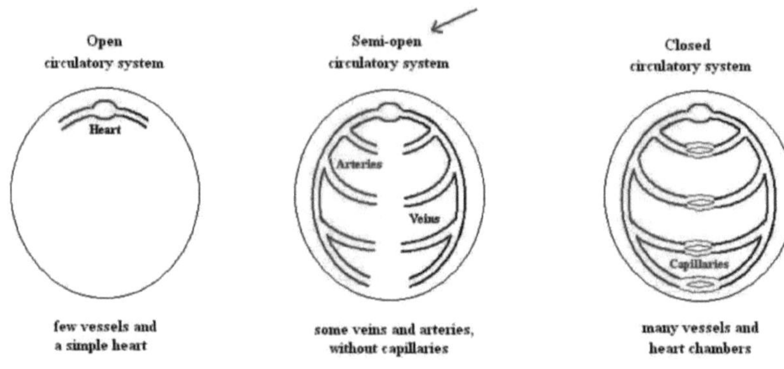

Ramin Amirmardfar
1 April 2015

Descobri pela primeira vez que **os crocodilos não são um réptil**. Os crocodilos, tal como as aves e os mamíferos, são uma classe à parte, que derivou dos répteis.

O coração de quatro câmaras dos **mamíferos, a** partir de um coração de três câmaras semelhante ao dos répteis, é o prolongamento do septo (a parede que divide as câmaras, a perda do arco sistémico direito e a persistência do arco sistémico esquerdo).

Nas **aves**, persiste a perda do arco sistémico esquerdo e do arco sistémico direito.

A linhagem que conduziu aos **crocodilos** evoluiu para um coração de quatro câmaras por um caminho diferente, mantendo ambos os arcos sistémicos.

Os zoólogos dividem os vertebrados terrestres em 4 classes (anfíbios, répteis, aves e mamíferos). Mas cheguei à conclusão de que os seus crocodilos são uma classe à parte. Como as aves e os mamíferos, com a obtenção de um coração de quatro câmaras, derivaram da classe dos répteis e criaram uma classe separada. Os crocodilos também, com a obtenção de corações com quatro câmaras, criaram uma nova classe e foram derivados da classe dos répteis. O coração de quatro câmaras dos mamíferos, a partir de um coração de três câmaras semelhante ao dos répteis, é a extensão do septo (a parede que divide as câmaras, a perda do arco sistémico direito e a persistência do arco sistémico esquerdo). Vice-versa nas aves, perda do arco sistémico esquerdo e persistência do arco sistémico direito. A linhagem que conduziu aos crocodilos evoluiu para um coração de quatro câmaras por um caminho diferente, mantendo os dois arcos sistémicos. Os vertebrados terrestres deveriam ser divididos em 5 classes (anfíbios, répteis, crocodilos, aves e mamíferos).

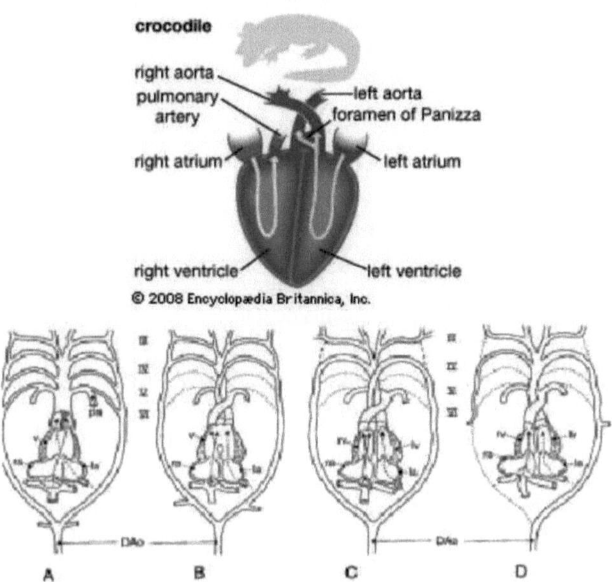

A linhagem que conduziu aos crocodilos desenvolveu um coração de quatro câmaras por um caminho diferente do dos mamíferos, mantendo ambos os arcos sistémicos.

Capítulo 4. Relação entre a potência do sistema circulatório sangue/fluido e o tamanho das plantas.

No corpo das plantas, a raiz, que é como o coração do coração dos animais, leva a água e outros materiais para cima, o sistema vascular, que é como os vasos sanguíneos nos animais, conduz a água e os materiais para os órgãos superiores das plantas. Tal como vimos nos animais, a evolução do sistema de transferência nas plantas não é do mesmo grau. Entre as plantas existem classes primitivas e evoluídas. Há uma questão que se coloca: será que a relação direta entre a força do sistema de transferência e o tamanho do corpo também é verdadeira nas plantas? Para responder a esta pergunta, é melhor classificar o grau de evolução do sistema de transferência das classes de plantas actuais. O grupo das angiospérmicas tem o sistema de transferência mais avançado. Depois há as gimnospérmicas que têm um sistema de transferência mais avançado. Os fetos têm um sistema radicular e vascular relativamente forte. O grupo das cavalinhas tem raízes e sistema vascular fracos e primários, depois há os licopodiales, que têm as raízes e o sistema vascular mais primários, e no fim há as briófitas que quase não têm este sistema.

Agora, vamos comparar o tamanho do corpo entre estes grupos. Todas as plantas que vemos como árvores altas nas florestas e noutras partes da terra pertencem aos grupos das angiospérmicas e das gimnospérmicas, ou seja, têm um forte sistema de transferência! Os fetos são o grupo seguinte, que têm grandes dimensões. As cavalinhas só conseguem atingir 1 metro e as licopodiáceas são mais pequenas do que elas e, no fim, há as briófitas, que crescem a rastejar na terra ou noutras plantas. Assim, vemos que a relação direta entre a força do sistema de transferência e o tamanho do corpo é verdadeira para as plantas. Esta é uma situação normal, porque é necessário vencer a gravidade para transferir a água e os materiais para as partes altas e para as folhas das plantas, e é evidente que, quanto mais forte for o sistema de bombagem e o sistema de condução, maior será a distância de transmissão, pelo que a planta será capaz de transferir a água e os materiais para as partes altas, e se este sistema parar, a planta terá de encurtar a sua altura

PLANTAS TERRESTRES VIVAS	ESTRUTURA DO SISTEMA DE CIRCULAÇÃO DE FLUIDOS	TAMANHO DO CORPO
Briófitas (Musgos)	Quase sem sistema de circulação de fluidos	**Muito pequeno**
Lycophyta (musgo)	A maioria das raízes primárias e do sistema vascular	**pequeno**
Sphenophyta (Cavalinhas)	Raízes fracas e primárias e sistema vascular	**pequeno**
Ptreófitas (Fetos)	Raiz e sistema vascular relativamente fortes	**volumoso**
Gimnospérmicas	Sistema avançado de circulação	**Grande**

	de fluidos	
Angiospérmicas	Sistema avançado de circulação de fluidos	**Grande**

Tal como os animais têm de combater a gravidade para sobreviverem e se reproduzirem, também as plantas o fazem e, mais uma vez, podemos testemunhar uma relação entre o tamanho dos organismos e a gravidade. Vimos os problemas que a girafa enfrentou no fornecimento de sangue para a salmoura e para as extremidades do corpo. Os problemas são os mesmos para as plantas, as plantas altas requerem água e nutrientes transferidos para todas as partes, incluindo as suas folhas e ramos mais elevados. Quanto mais alta for a planta, mais eficiente terá de ser o sistema de transferência de fluidos. O que é interessante é que as plantas evoluíram com diferentes estruturas que facilitam o crescimento e a altura. À semelhança da evolução do coração animal, as plantas têm as suas origens evolutivas com o sistema mais rudimentar de distribuição de fluidos. A primeira colonização da terra terrestre 510-439 mya por plantas foi com briófitas (hepáticas e musgos). As briófitas ainda existem atualmente, mas apenas com um sistema vascular muito rudimentar para transferir fluidos e o seu tamanho é limitado pela gravidade a uma altura máxima de um metro. Também não possuem caules, folhas ou raízes característicos e aderem ao solo através de rizóides, que são apenas pequenos e semelhantes a pêlos. Ver quadro para ajudar a compreender o sistema vascular.

Capítulo 5. A força da gravidade aumenta?

Como sabemos, existe uma relação direta entre a potência do sistema circulatório (sangue) de um animal e o seu tamanho. Nos animais, o coração tende a empurrar o sangue para a parte superior do corpo, onde se encontra a cabeça, enquanto a força da gravidade puxa o sangue para baixo e tenta impedi-lo de subir. Assim, o coração tem de vencer a força da gravidade para empurrar o sangue para a parte superior do corpo. Quanto mais bem sucedido for, mais o sangue sobe e a altura do animal pode aumentar. Os mamíferos são os maiores animais porque têm o sistema circulatório mais desenvolvido e, mais do que outros animais, o seu coração de 4 câmaras consegue vencer a força da gravidade e enviar o sangue para cima, em direção à cabeça, onde se encontra o cérebro. Por esta razão, os mamíferos têm os pescoços e as pernas mais compridos. A seguir aos mamíferos, as aves têm o sistema circulatório mais desenvolvido. O seu coração também tem 4 câmaras e, em grande medida, consegue vencer a força da gravidade e também enviar o sangue para cima, em direção à parte superior do corpo, onde se encontra a cabeça de uma avestruz, por exemplo, e de outras aves altas. Esta é a razão pela qual o pescoço e as pernas das aves são também bastante compridos. O sistema de circulação sanguínea, tanto nos mamíferos como nas aves, é perfeitamente segregado e o sangue claro é separado do escuro. Os répteis estão na classe inferior aos mamíferos e às aves. O seu sistema circulatório é imperfeito e o seu sangue escuro está misturado com o sangue claro, porque o seu coração tem 3 câmaras. O coração de 3 câmaras pode enviar sangue para a frente e esta é a razão pela qual os répteis não podem manter a cabeça erguida e têm de se arrastar no chão na posição deitada e têm pernas mais curtas, e chamamos a esta ação rastejar, e os animais são chamados répteis. Assim, observamos que, devido à falta de um coração forte, eles têm que rastejar no chão, pois seu coração não pode transmitir muito mais sangue do corpo e enviá-lo para cima. No entanto, o coração dos répteis, ao contrário do dos anfíbios, é muito mais eficaz, porque têm uma parede incompleta entre os seus ventrículos, embora não consiga enviar o sangue para cima, pelo menos consegue fazê-lo avançar horizontalmente e, por isso, o corpo dos répteis, como os lagartos, os crocodilos e as cobras, cresce horizontalmente. O mesmo não acontece com os anfíbios e o seu corpo, que é mais pequeno, tanto na horizontal como na vertical. Embora o coração dos peixes seja bicameral, eles podem crescer horizontalmente porque têm um sistema de circulação perfeito, não misturando o sangue escuro com o sangue claro, e por serem aquáticos, porque o movimento horizontal do sangue não precisa de vencer a gravidade e o seu coração é capaz de o fazer. Compreender a relação entre a força do coração e o tamanho e desenho do corpo dos animais é mais fácil quando estudamos, em profundidade, os animais vivos que temos hoje na Terra. Mas no passado, havia animais na Terra, assim como os animais actuais, que não existem hoje, e nós descobrimo-los pelos seus vestígios fósseis. Tal como acontece com os animais actuais, havia alguma relação entre a força do sistema de circulação sanguínea dos animais no passado e o tamanho do seu corpo? Os dinossauros são os principais animais do passado que podemos considerar, porque o seu corpo enorme é intrigante e desperta o interesse de toda a gente. Os dinossauros pertenciam à classe dos répteis e tinham um coração com três câmaras. Assim, os antigos répteis, com um coração de 3 câmaras e um sistema de circulação sanguínea incompleto, podiam crescer tanto e manter a cabeça erguida, e ter pescoços e pernas compridos. Enquanto os répteis actuais não conseguem levantar a cabeça nem um pouco, e têm pernas muito curtas, ou nem sequer têm pernas, e têm de se arrastar completamente no chão. Não é estranho? Não é suposto a relação entre a força do coração e o tamanho e desenho do corpo de um animal também ser verdadeira para os dinossauros? Assim, talvez seja melhor estudar outros animais antigos e compará-los, em termos de força do coração e tamanho do corpo, nesse período, para descobrir a razão pela qual os dinossauros, tendo um sistema circulatório incompleto, podiam crescer tanto. Se estudarmos mais cuidadosamente as diferentes espécies animais do passado, talvez possamos chegar aos seguintes resultados: 1. Observando este fenómeno, desde o passado até ao presente, o tamanho do corpo de todos os animais tem vindo a diminuir gradualmente. Na classe dos moluscos, existia um animal com 4,5m de diâmetro chamado Endocras, que os seus equivalentes actuais têm apenas alguns centímetros de espessura. Na classe dos insectos, existiam dragonfiles (Meganeuropsis) com 71cm de comprimento, que os seus equivalentes actuais têm muito menos de 15cm. Na classe dos anfíbios existia um animal chamado Eogyrinus, com 4,5m de comprimento, mas os anfíbios actuais não ultrapassam os poucos centímetros. Na classe dos répteis, existiram no passado Brontotosarus e Tyrannosaurus, mas atualmente os crocodilos e outros crocodilos são os maiores répteis. Na classe dos mamíferos, no passado, existiam o mamute, o mastodonte e os maiores mamíferos, ou seja, o baluchitere e também o camelo gigante - mas atualmente não existem. 2. Em cada período de tempo, tem havido uma relação direta entre a força do coração e o tamanho do corpo. Nos últimos 500 milhões de anos, o Endocras era maior do que todos os outros animais porque o seu coração era mais forte do que o de todos eles e o sistema de circulação sanguínea era mais desenvolvido do que o dos outros. Nos últimos 330 milhões de anos, quando os anfíbios Eogyrinus (com 4,5m de comprimento) e Erypos com 2,5m de comprimento existiam no período Carbonífero, eles eram maiores do que todos os animais que viviam na terra, porque tinham o coração mais forte de todos os animais da época. Depois, nos últimos 200 milhões de anos, os répteis tornaram-se os maiores, porque tinham o coração mais forte na altura. Mamíferos como o Baluchitere e os Mamutes tornaram-se os maiores animais terrestres da Terra nos últimos 20 milhões de anos, porque nessa altura também tinham o coração mais forte. Hoje em dia, mamíferos como os elefantes e as girafas têm os maiores corpos entre os animais terrestres porque têm o coração mais forte de todos os animais actuais. 3. A terceira observação é que, à medida que nos aproximamos do tempo presente, do passado para o presente, os animais precisam de corações mais fortes para criar corpos maiores. No período Carbonífero, o coração de um anfíbio podia permitir que um animal atingisse 4,5 m de comprimento, mas o mesmo coração atualmente só permite que um animal atinja alguns centímetros de altura. Nos últimos 200 milhões de anos, um coração com 3 câmaras de um réptil podia criar um dinossauro, mas atualmente só pode criar animais tão grandes como cobras e lagartos. Nos últimos 20 milhões de anos, um coração de 4 câmaras de um mamífero podia criar um Baluchithere e outros mamíferos de grande porte, mas atualmente o mesmo coração só pode criar animais tão grandes como elefantes e girafas. (Embora a baleia seja maior do que o elefante e a girafa, esta caraterística deve-se ao facto de ser aquática e de o seu corpo crescer na horizontal, e se a baleia vivesse em terra como o elefante e tentasse levantar o corpo verticalmente e ficar de pé, não seria maior do que o elefante e a girafa). Nos últimos 250 milhões de anos, o sistema de circulação sanguínea dos insectos era capaz de criar dragonfiles com 71 cm de comprimento, mas agora só permite a criação de dragonfiles com 15 cm. Até agora, sabemos que o coração precisa de vencer a força da gravidade da Terra para enviar o sangue para cima, para a cabeça dos animais. Observamos que qualquer animal com um coração forte consegue vencer melhor esta força e isso contribui para que o animal seja mais alto e mais alto. Mas como é possível que um animal com limitações cardíacas específicas possa, num determinado momento, vencer a gravidade e tornar-se maior, enquanto que, num momento posterior, as mesmas limitações cardíacas específicas fazem com que o animal tenha um corpo mais pequeno? Só num caso é que isso é possível e é se supusermos que a força da gravidade nesses dois momentos é diferente. Podemos assim justificar porque é que, no passado, um animal com um coração idêntico ao dos animais actuais é maior do que o seu homólogo moderno. Tal como os animais de grande porte não se extinguiram subitamente, mas sim gradualmente, assim também o aumento da gravidade do passado para o presente deve ter ocorrido gradualmente. Quando um molusco Endocras, que tinha um sistema de circulação sanguínea aberto, nos últimos 500 milhões de anos, podia atingir 4,5m de diâmetro, e mover a sua grande concha e continuar a viver, certamente a gravidade deve ter sido menor para permitir tal resultado. Desde essa altura até hoje, não se criou nenhuma concha porque a gravidade aumentou e este animal não a podia desenvolver nestas condições. Nos últimos 330 milhões de anos, quando existia um anfíbio de 4,5 m de comprimento, o seu coração de 3 câmaras e o seu sistema de circulação sanguínea incompleto podiam facilmente vencer a gravidade e enviar o sangue para cima, para a cabeça. Certamente, nessa altura, a força da gravidade devia ser menor do que é atualmente. Desde então, nenhum anfíbio se tornou tão grande porque a gravidade aumentou e o coração do anfíbio já não conseguia vencer a força da gravidade, o que fez com que os seus corpos se tornassem pequenos. Podemos assim citar uma razão primária para a extinção dos dinossauros, se aceitarmos que a gravidade aumentou do passado para o presente. É interessante que os dinossauros não se tenham extinguido subitamente e que a sua extinção tenha ocorrido gradualmente, ao longo de milhões de anos. Uma questão adicional e mais importante é que a sua extinção começou com os animais maiores, porque a gravidade aumentou gradualmente e impediu que o sangue chegasse à cabeça e, como resultado, os animais tiveram de diminuir gradualmente em altura e tamanho corporal. Por outras palavras, os animais maiores extinguiram-se e os mais pequenos sobreviveram, sendo que entre os sobreviventes apenas se encontram os animais pequenos e que se arrastam no chão. Os animais da classe dos mamíferos também perderam muitos dos seus maiores tipos, como os mamutes, devido ao aumento da gravidade. Um ponto interessante é que, atualmente, os tipos maiores desta classe estão em perigo de extinção, ou seja, os elefantes e os rinocerontes. Daqui podemos concluir que o aumento contínuo da gravidade persiste e que está a acabar com os animais mais altos e maiores. Talvez não consigamos perceber isto tão claramente hoje, porque este aumento da gravidade ocorre muito lentamente e os seus efeitos só se tornam evidentes em períodos de tempo muito mais longos, como milhares e milhões de anos...

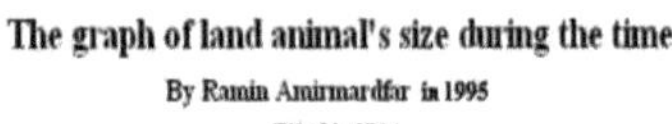

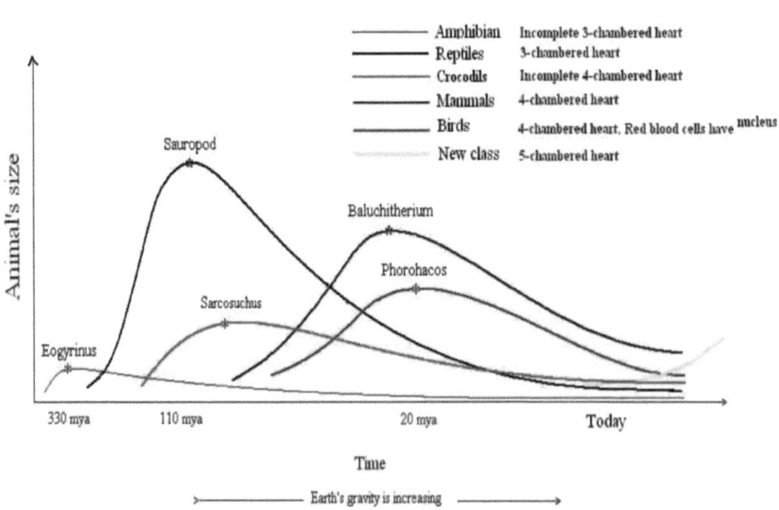

A figura acima mostra um raciocínio sobre o tamanho dos animais. Os animais que têm um sistema circulatório sanguíneo mais forte podem ter um tamanho maior. As plantas que têm um sistema circulatório fluido mais forte podem ter um tamanho maior. Se o sistema circulatório sanguíneo/fluídico de um animal/planta é fraco, o seu tamanho é definitivamente pequeno. Se o tamanho de um animal/planta é grande, tem certamente um sistema circulatório sanguíneo/fluido potente. Mas se o seu sistema circulatório sanguíneo/fluido é potente, o seu corpo não é necessariamente grande! E se o seu volume é pequeno, o seu sistema circulatório sanguíneo/fluido não é necessariamente fraco! Evolução do tamanho dos animais e plantas durante o Tempo Geológico. Gráfico do tamanho dos animais terrestres desde há -350 Ma até à atualidade. Gráfico do tamanho das plantas terrestres desde há 400 Ma até ao Recente e Futuro. O eixo "Y" representa o tamanho do corpo das maiores espécies de cada categoria num determinado momento. O eixo "X" é o indicador do tempo ou indica a quantidade de gravidade em qualquer altura. A queda dos diagramas (declive decrescente) indica que o tamanho do corpo das espécies está a diminuir enquanto a gravidade está a aumentar. A força da gravidade sobre o sistema circulatório de sangue/fluidos prevalecerá. A subida dos diagramas (declive crescente) indica que as espécies estão a ficar maiores em resultado da evolução e que o sistema de circulação do sangue/fluido se torna mais potente. A força do sistema de circulação do sangue / fluido superará a força da gravidade. Se o sistema circulatório do sangue / fluido não tivesse evoluído, os diagramas teriam tido apenas uma inclinação decrescente e todos os animais e plantas, sob os efeitos do aumento da gravidade, eram pequenos há milhões de anos e agora não poderíamos ver quaisquer animais e plantas grandes. A evolução de um animal ou planta é possível sob o efeito da alteração das condições ambientais e da seleção de indivíduos mais adaptados a novas situações pela seleção natural. O principal fator que impulsiona a evolução do sistema circulatório é o aumento da gravidade. Ou seja, se a gravidade não tivesse aumentado, o sistema circulatório de sangue e material não seria necessário para o desenvolvimento. Uma previsão intrigante do futuro processo evolutivo dos animais e das plantas pode ser formulada de acordo com estes diagramas (nova classe e o tipo do seu sistema de circulação sanguínea/fluida). A "nova classe" evoluirá a partir dos pequenos mamíferos. A nova classe terá um coração com (4+1) câmaras. Coração de (4+1) câmaras = Um coração de quatro câmaras com um coração de uma câmara (coração subsidiário). Preparações deste coração foram desenvolvidas dentro do corpo de mamíferos modernos.

Capítulo 6. Relação entre a potência do sistema circulatório de sangue/fluidos e o tamanho dos animais e das plantas

Argumentei pela primeira vez que cada animal ou planta que tem um sistema circulatório de sangue/fluido mais forte pode ter um corpo maior (Fig. 1a); que os animais sem sistema circulatório, como os nemátodos e os ácaros das plantas, têm um corpo pequeno. Os animais que têm um sistema circulatório aberto (sem artérias, sem veias, sem capilares) - como os insectos e alguns moluscos - têm um tamanho corporal pequeno. Os animais que possuem um sistema circulatório semi-aberto (Composto por algumas veias e artérias, sem capilares) - como os crustáceos e alguns moluscos (bivalves) - têm um tamanho médio. Um sistema circulatório fechado (Composto por artérias, veias e capilares) está associado a animais - como alguns moluscos (Polvo), vermes anelídeos (minhocas) e vertebrados (peixes, anfíbios, répteis, aves e mamíferos) - com um tamanho corporal grande.

Os zoólogos classificam todos os animais em três grupos: sem sistema circulatório, com sistema circulatório aberto e com sistema circulatório fechado. Mas, pela primeira vez, utilizo o termo "sistema circulatório semi-aberto" e coloco os animais em quatro grupos: sem sistema circulatório, sistema circulatório aberto, sistema circulatório semi-aberto e sistema circulatório fechado.

Começo por uma analogia. Consideremos uma cidade e a sua população. Cada indivíduo vive numa casa grande ou pequena, consoante a sua condição financeira. Isto significa que, se alguém for abastado, provavelmente viverá numa casa espaçosa, ao passo que alguém menos abastado não pode pagar uma casa espaçosa e, por conseguinte, é obrigado a viver numa casa apertada. É uma questão de senso comum e toda a gente aceita isso facilmente. Do mesmo modo, durante o meu inquérito, descobri que os animais e as plantas que têm um coração mais forte ou um sistema circulatório fluido podem ter massas corporais maiores

Isto porque o seu forte sistema permite-lhes vencer melhor a gravidade e bombear os fluidos a maiores distâncias e a níveis mais elevados. É uma questão de lógica que todos podem compreender e aceitar. Mas se isto é tão óbvio, porque é que os cientistas não têm consciência disso? Qual é o obstáculo para descobrir essa relação? Porque é que esta simples relação entre a potência do sistema circulatório do sangue/fluidos e o tamanho dos animais e das plantas tem sido ignorada? Onde é que reside o problema? Para o descobrir, voltemos ao nosso exemplo e coloquemo-nos algumas questões. As pessoas que têm uma situação financeira precária vivem em casas pequenas? A resposta é "sim", porque ninguém que disponha de pouco dinheiro pode comprar uma casa grande. Será que todas as pessoas abastadas vivem em casas grandes? A resposta é "Não"! Isto porque algumas pessoas que têm muito dinheiro vivem em casas pequenas por qualquer razão. Isto significa que alguns ricos podem viver em casas grandes, enquanto outros habitam uma casa pequena, sem qualquer restrição. Assim, quando olhamos para as casas de uma cidade e vemos casas grandes entre elas, podemos definitivamente dizer que os seus proprietários são ricos. Mas quando vemos uma casa pequena, não podemos dizer que os seus proprietários são pobres. Porque eles podem ser ricos!

No mundo biológico, as coisas são semelhantes. Se o sistema sanguíneo/fluídico de um organismo vivo for fraco, este é obrigado a ter um corpo pequeno (Fig. 1c). No entanto, se o seu sistema sanguíneo/fluídico for potente, o corpo não tem necessariamente de ser grande! Pode ser grande ou pequeno, dependendo de vários outros factores (Fig.le). Mas se for grande, significa que o sistema circulatório é forte (Fig. 1d). Podemos assim concluir que os pequenos animais ou plantas podem ter sistemas sanguíneos/fluidos fracos ou fortes (Fig. If). Este facto confuso é a questão que tem levado os cientistas a não encontrarem a relação entre a potência do sistema circulatório sangue/fluido e o tamanho dos animais e plantas.

Para resolver o problema, deveríamos começar por classificar os animais e as plantas de acordo com a potência dos seus sistemas circulatórios de sangue e fluidos, depois escolher as maiores espécies de cada grupo e fazer a comparação entre elas. Não devemos incluir na nossa análise os animais com coração forte/pequeno tamanho e comparar apenas entre os animais com coração fraco/pequeno volume e os animais com coração forte/grande volume. Procedendo desta forma, torna-se evidente a relação direta entre a potência do sistema circulatório de sangue/fluidos e o tamanho do volume dos animais/plantas.

Agora, o que dizer dessas "pessoas ricas que vivem numa casa pequena" - os animais que têm corações fortes mas tamanhos pequenos? Temos de encontrar uma razão para a sua existência. Devemos perguntar-nos qual é o fator que os impede de viver em casas maiores. O animal tem um coração forte mas um tamanho pequeno. Qual é o fator que o impede de aumentar de tamanho? Os cientistas, em vez de seguirem a cadeia causal do processo, perante a dificuldade do trabalho, ficam desiludidos e desanimados para encontrar a solução e não fazem a si próprios as seguintes perguntas correctas:

A) Porque é que alguns animais e plantas têm tamanhos pequenos, embora tenham sistemas circulatórios fortes? Qual é o fator que os impede de aumentar de tamanho?

B) Porque é que a natureza colocou este fator no interior do corpo dos animais e das plantas para que o seu volume permaneça pequeno, apesar de terem um sistema circulatório forte? Porque é que a natureza precisa de animais assim (coração forte e volume pequeno)?

Estas duas questões foram discutidas e respondidas em dois capítulos do livro (Mardfar, 2000) e são dois dos capítulos mais importantes do meu livro. É impossível criar uma relação lógica e simples entre o sistema circulatório de sangue/fluidos e o tamanho do corpo de animais e plantas sem encontrar as respostas a estas duas questões e é por isso que os cientistas anteriores a mim não foram capazes de encontrar essa relação.

Capítulo 7. Importância Evolutiva da Interação Sistema Circulatório/Gravidade

A rotação da Terra provoca uma força centrífuga nos objectos, que tem uma componente em sentido oposto à gravidade e provoca uma diminuição do peso dos mesmos. Esta força é mais forte no equador, pelo que o peso de uma coisa a 0°N é um pouco mais leve do que o peso da mesma coisa noutras latitudes da Terra. A força centrífuga faz com que, enquanto uma coisa tem 1000gr de peso no pólo, terá 996gr no equador. Por outras palavras, vemos uma diminuição de cerca de 4gr por quilograma. Uma pessoa com 70 kg no pólo, terá 69,7 kg no equador. Se transferirmos uma coisa com 1 kg da latitude 45° para o equador, a diferença de peso por kg será inferior a 4 gr. Vemos, portanto, que uma pequena alteração da gravidade na Terra provoca uma diferença insignificante no peso das coisas.

Em 1671, um grupo de astrónomos partiu de Paris (45°N) para a ilha de Caiena (5°N) para uma missão. Jean Richer, o chefe deste grupo, levava consigo nesta viagem um relógio de pêndulo de precisão. Verificou que o relógio estava atrasado 2,8 minutos por cada 24 horas. Jean Richer não sabia porquê. Mas cerca de 15 anos mais tarde, Isaac Newton disse que a razão era a diferença de gravidade na zona mencionada. Depois disso, o pêndulo tornou-se um instrumento preciso para medir a diferença de gravidade em vários pontos da Terra. Com efeito, em locais muito próximos, a balança de mola não podia mostrar uma diferença de gravidade insignificante, mas o pêndulo podia fazê-lo facilmente. Parece que o pêndulo actua como uma lupa. Como é que um pêndulo pode fazer tal trabalho? Quando pesamos uma coisa com uma balança de mola, e comparamos a diferença de peso com outras zonas, só fizemos e resistimos a esse trabalho uma vez, pelo que a diferença será pequena e insignificante. Analogamente, se o pêndulo se mover apenas uma vez, a diferença de tempo será muito pequena; ou seja, a diferença de tempo para uma única oscilação do pêndulo no equador e no pólo é insignificante e mostra a mesma pequena diferença da balança de mola. Mas quando o pêndulo se desloca duas vezes (vai e volta), atrasa-se um pouco de cada vez e, devido à acumulação desses atrasos, veremos a diferença duas vezes maior, ou seja, o pêndulo ampliou-a duas vezes, pelo que podemos vê-la mais facilmente. Se o pêndulo se mover três vezes, a diferença será três vezes maior. Assim, é possível comparar a diferença de gravidade em várias zonas. Imaginemos que o pêndulo vai e volta uma vez por segundo, tem muitas vezes de ir e voltar em 24 horas e é possível obter uma boa ampliação. Esta grande ampliação foi a que Jean Richer atribuiu em 1671 à diferença de gravidade entre Paris e a ilha de Caiena. Se ele quisesse fazer este teste, mesmo com a balança mais precisa da época, não teria chegado a uma conclusão e não poderia pôr em evidência qualquer diferença de gravidade entre a ilha de Caiena e Paris.

Existe um aparelho semelhante a um pêndulo no corpo do animal, que mostra a pequena diferença de gravidade com uma grande ampliação. Este aparelho é o mesmo sistema de circulação sanguínea que o motor do coração.

O sangue move-se ciclicamente como um pêndulo. Cada ciclo de circulação do sangue é semelhante a uma viagem de ida e volta de um pêndulo. O sangue afasta-se da superfície da Terra alternadamente, como um pêndulo, e volta a aproximar-se dela, repetindo esta tarefa centenas de vezes por dia e por noite. Assim, uma pequena diferença na gravidade terá um grande efeito no trabalho deste aparelho, tal como teve na tarefa de um pêndulo.

Se a circulação sanguínea ocorresse apenas uma vez durante a vida de um animal, a pequena diferença de gravidade não teria qualquer efeito sobre ele e actuaria como uma mola de equilíbrio. Mas como o sangue sobe e desce da superfície da Terra milhares de vezes, tal como um pêndulo, o efeito da pequena diferença de gravidade neste sistema somar-se-á milhares de vezes, resultando numa grande quantidade. Se um animal for maior e tiver mais sangue, esta carga adicional será mais eficaz.

No que se segue, será discutida a relação entre o sistema circulatório sangue/fluido e o tamanho dos animais e plantas ao longo do tempo geológico. No entanto, a possibilidade de o gradiente latitudinal da gravidade poder influenciar a seleção latitudinal das espécies no tempo recente merece ser objeto de investigações futuras mais profundas e circunstanciadas.

O coração do elefante pesa 22 quilogramas e faz circular cerca de 450 litros (720 kg) de sangue. E o seu coração bate 28 vezes por minuto. A capacidade do estômago do elefante adulto é dc 50 litros (80 kg)

Se transferirmos o elefante do equador para um local próximo do pólo, o sangue do elefante será mais pesado cerca de 4gr por kg, 320 gramas de peso a mais por batimento cardíaco. Por outras palavras, o coração do elefante carregará, por batimento cardíaco, 320gr de peso adicional.

Peso adicional por dia = 320gr x 28 x 60 x 24 = 12902400gr

Peso adicional por ano = 12902400gr x 366 = 4722278400gr

O elefante vive cerca de 70 anos

Peso adicional por geração de elefante = 4722278400gr x 60 = 283336704000gr = 28,3336,704kgr

Por outras palavras, o coração do elefante tem de suportar mais 283336704kgr de carga do que no equador, por geração de elefante. Portanto, vemos que, com uma mudança muito pequena na gravidade, é imposta uma grande força adicional ao coração do animal.

É por isso que os animais altos e grandes, como a girafa e o elefante, só podem viver nos pontos equatoriais da Terra, porque a gravidade é menor do que noutros locais e o seu coração pode enviar sangue para distâncias mais longas da superfície da Terra. Assim, na prática, vemos que um aumento muito pequeno da gravidade tem um efeito notável no volume/estatura dos animais.

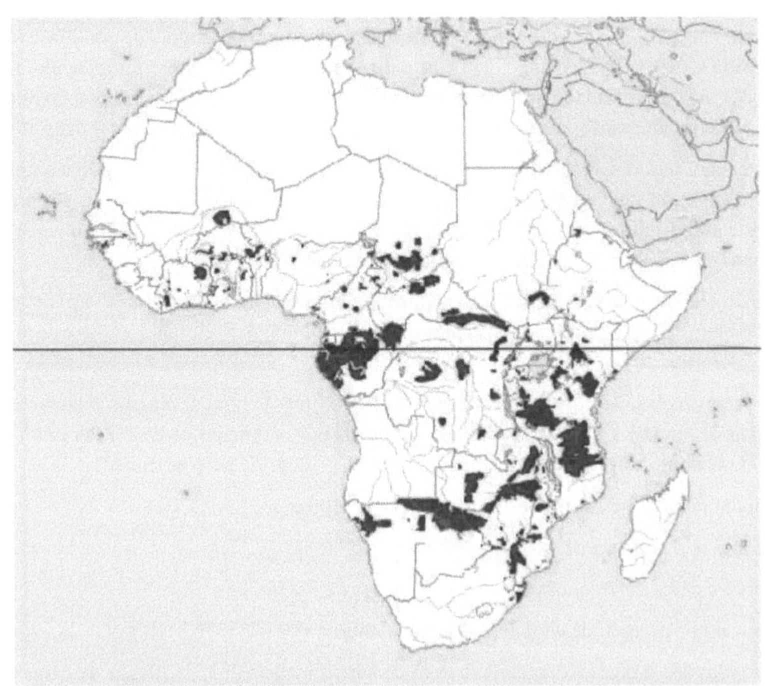

Mapa de distribuição do elefante africano (maior mamífero vivo)

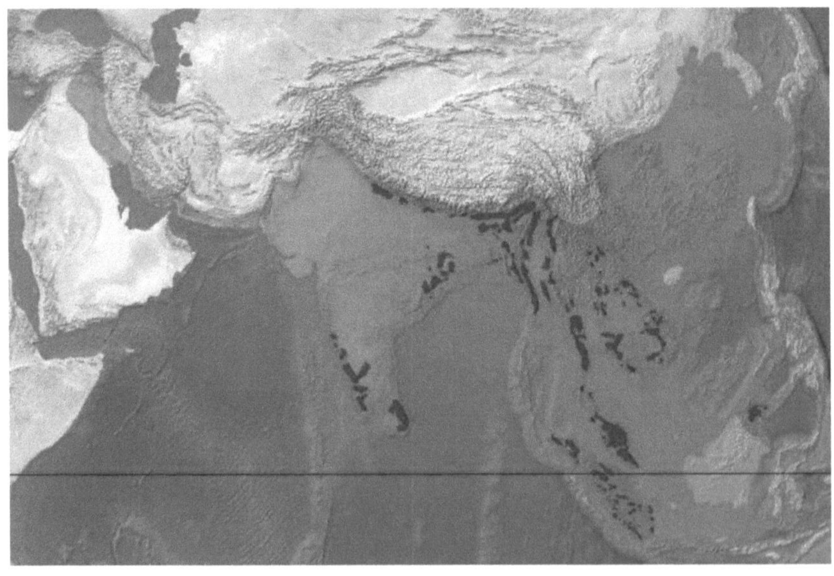

Mapa de evolução da distribuição de Elephas Maximus (Elefas asiáticas)

Capítulo 8. Encontrar a relação entre a gravidade e a evolução dos animais/plantas

Se um dia, um ser humano conseguir evitar que se queime ao pousar na superfície do Sol, sob o efeito da elevada gravidade do Sol, ficará preso na superfície do Sol como uma folha de papel. (Gamov, 1958)

Li esta frase em 1986, num livro intitulado Matter, Earth, and Sky, escrito por George Gamow, e concluí que a vida e a morte dos animais dependem da FORÇA da gravidade. No início, tentei estabelecer uma relação tendo em conta o esqueleto e a quantidade de alimento disponível para os animais, mas deparei-me com alguns obstáculos. Mais tarde, apercebi-me da importância do sistema circulatório e, assim, expliquei com base nele a relação procurada. Devo admitir que tive sorte pelo facto de os taxonomistas terem classificado os animais/plantas de acordo com a potência do sistema circulatório do sangue/fluido. Sempre existiu uma "batalha" entre a gravidade e os sistemas circulatórios de sangue/fluido, porque a maior parte da força do sistema circulatório é utilizada para vencer a gravidade. Se a gravidade aumenta, os animais/plantas são forçados a ficar mais pequenos ou a reforçar os seus sistemas circulatórios de sangue/fluidos. A natureza utilizou os dois métodos. Como a evolução (reforço do sistema circulatório sanguíneo/fluido) requer muito tempo, quando a gravidade aumenta, os animais/plantas começam por recuar e minimizar o seu volume. Mas quando o processo evolutivo consegue fornecer-lhes um sistema circulatório sanguíneo/fluido mais potente, os animais e as plantas avançam imediatamente, ultrapassando a gravidade e maximizando o tamanho dos seus corpos. Fase a fase, o processo evolutivo produziu novos e mais fortes sistemas de circulação de sangue e fluidos, ajudando os animais a vencer a gravidade e a aumentar o seu tamanho. Mas com o aumento da gravidade, os animais de maiores dimensões reduziram novamente o seu tamanho (minimizando o seu volume), procurando evoluir para novos e mais potentes aparelhos de bombagem. Se desenharmos o gráfico das alterações dos tamanhos dos animais/plantas no passado, podemos testemunhar a subsequente subida e descida dos tamanhos das diferentes classes de animais/plantas no passado. Os gráficos foram construídos por:

1. Considerando a classificação dos animais/plantas em função do seu poder de circulação de sangue/fluidos.

2. Sobrepondo na mesma figura as curvas das diferentes classes.

3. Não incluir nestes números os "ricos que vivem em casas pequenas" (porque causam confusão).

Estes gráficos mostram claramente o aumento da gravidade.

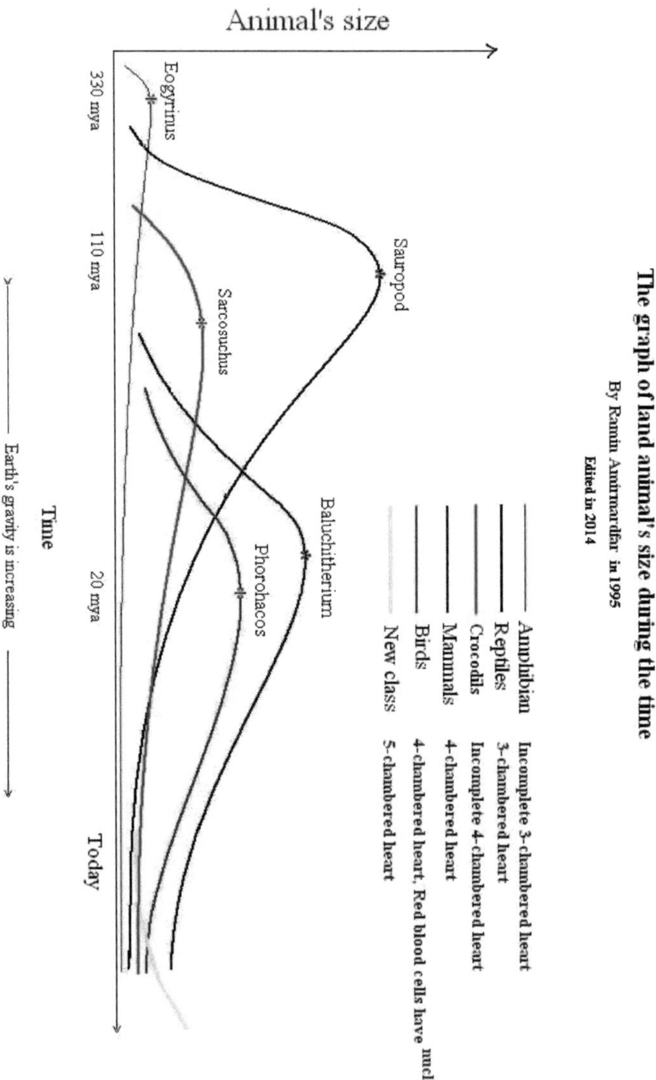

O gráfico do tamanho dos animais terrestres desde ≈350 Ma atrás até ao Recente e Futuro. - b) Gráfico do tamanho das plantas terrestres desde 400 Ma atrás até ao Recente e Futuro. O eixo "Y" representa o tamanho do corpo das maiores espécies de cada categoria num determinado momento. O eixo "X" é o indicador do tempo ou indica a quantidade de gravidade num determinado momento. A queda dos diagramas (declive decrescente) indica que o tamanho do corpo das espécies está a diminuir enquanto a gravidade está a aumentar. A força da gravidade sobre o sistema circulatório de sangue/fluidos prevalece. A subida dos diagramas (declive crescente) indica que as espécies estão a ficar maiores em resultado da evolução e que o sistema de circulação do sangue/fluido se torna mais potente. A força do sistema de circulação do sangue / fluido supera a força da gravidade. Se o sistema circulatório do sangue / fluido não tivesse evoluído, os diagramas teriam tido apenas uma inclinação decrescente e todos os animais e plantas, sob os efeitos do aumento da gravidade, eram pequenos há milhões de anos e agora não poderíamos ver quaisquer animais e plantas grandes. A evolução de um animal ou planta é possível sob o efeito da alteração das condições ambientais e da seleção de indivíduos mais adaptados a novas situações pela seleção natural. O principal fator que impulsiona a evolução do sistema circulatório é o aumento da gravidade. Ou seja, se a gravidade não tivesse aumentado, o sistema circulatório de sangue e material não seria necessário para o desenvolvimento. Uma previsão intrigante do futuro processo evolutivo de animais e plantas pode ser apoteotizada de acordo com estes diagramas (nova classe e o tipo do seu sistema de circulação de sangue/fluidos). A "nova classe" evoluirá a partir dos pequenos mamíferos. A nova classe terá um coração com (4+1) câmaras. Coração (4+1)-câmaras = Um coração de quatro câmaras com um coração de uma câmara (coração subsidiário). Preparações deste coração foram desenvolvidas dentro do corpo de mamíferos modernos.

Descobrir a taxa de variação da gravidade do passado para o presente. A comparação de um dinossauro com um elefante moderno é uma comparação incorrecta e os dados não podem ser verdadeiros. Se compararmos um dinossauro com uma árvore atual, considerando que ambos são organismos, será esta uma comparação correcta? Podemos encontrar, com esta comparação, os dados correctos sobre as alterações da gravidade do passado para o presente? Compara-se um dinossauro com um elefante moderno, com base no facto de ambos serem animais. Os dois são diferentes um do outro, tal como uma árvore é diferente de um dinossauro. Um dinossauro deve ser comparado com o seu homólogo atual. Os dinossauros pertencem à classe dos répteis. Os homólogos dos dinossauros são os répteis actuais. Para descobrir a verdadeira taxa de variação da gravidade do passado para o presente, deve comparar-se o dinossauro com o maior réptil vivo. O elefante não é um réptil. A fisiologia de um elefante é muito diferente da de um réptil (dinossauro). As comparações devem ser feitas, pelo menos, dentro das classes. Se a comparação for efectuada dentro de uma ordem ou de uma família, os dados são mais realistas. Se a comparação for feita dentro de uma ordem ou de uma família, os dados serão mais realistas. A este respeito, ver os diagramas abaixo.

Qual das seguintes comparações fornecerá dados mais verdadeiros sobre a taxa de variação da gravidade do passado para o presente?

Ramin Amirmardfar
21 May 2016

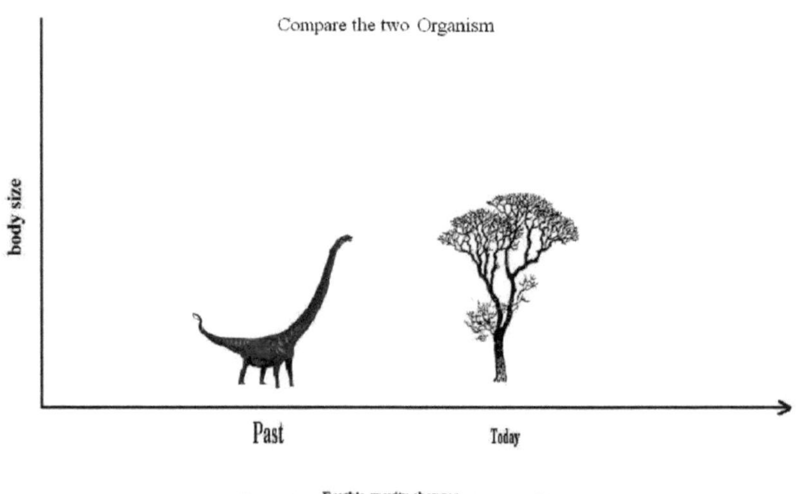

Ramin Amirmardfar
21 May 2016

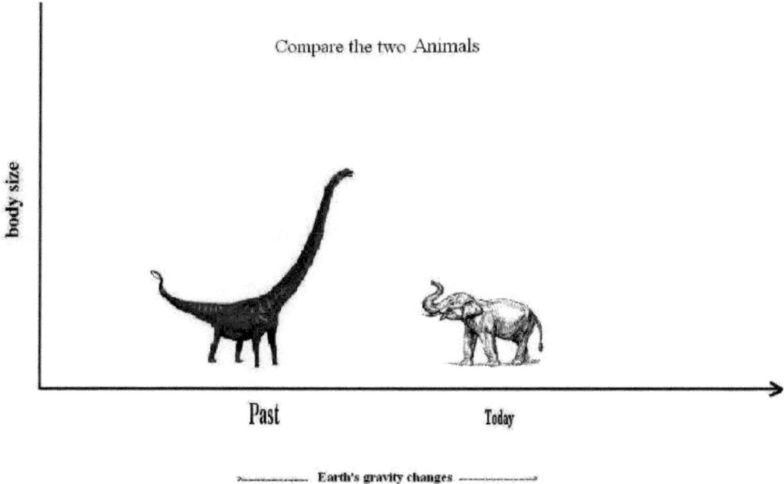
Compare the two Animals
body size
Past
Today
Earth's gravity changes

Ramin Amirmardfar
21 May 2016

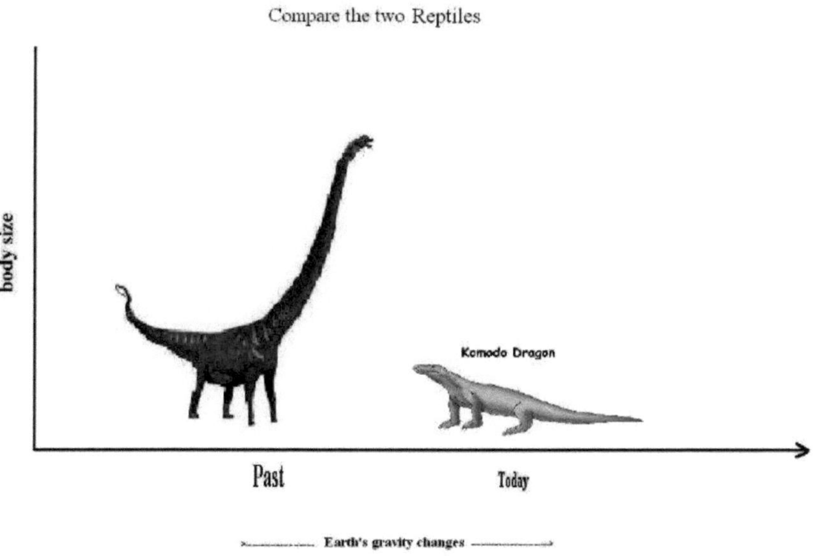
Compare the two Reptiles
body size
Komodo Dragon
Past
Today
Earth's gravity changes
Ramin Amirmardfar
21 May 2016

This is a wrong comparison. Because Dinosaurs are reptiles, but elephants are mammals. The correct comparison is as below.

Change the size of reptiles

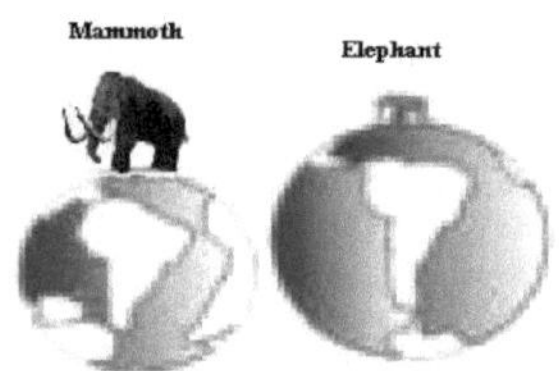

Change the size of Elephantidae

Change the size of Camelidae

Thursday - 2016 27 October

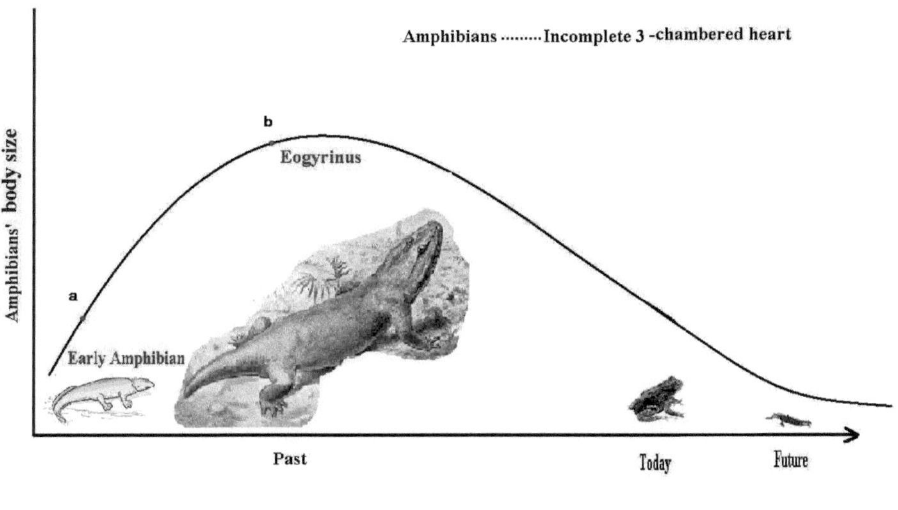
Amphibians ....Incomplete 3 -chambered heart
Amphibians' body size
b
Eogyrinus
a
Early Amphibian
Past
Today
Future
Earth's gravity is increasing

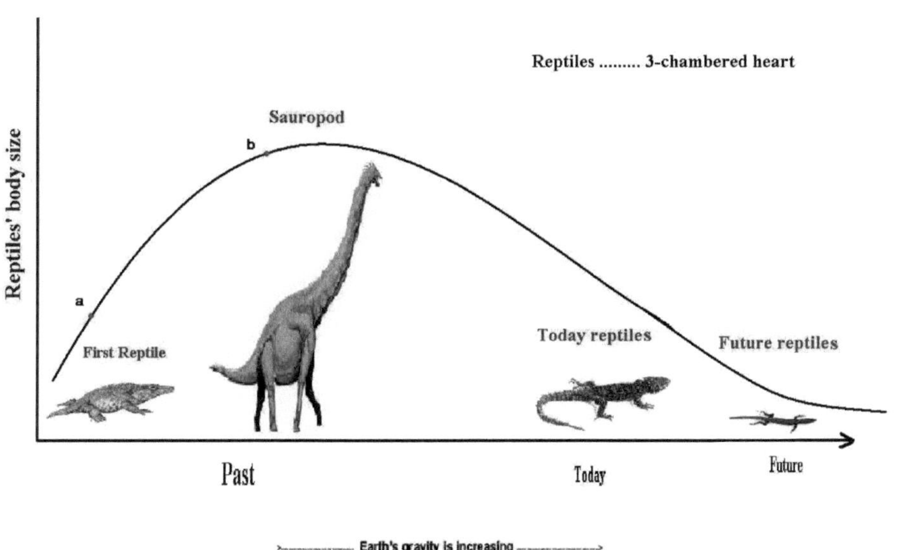
Reptiles .... 3-chambered heart
Reptiles' body size
Sauropod
b
a
First Reptile
Today reptiles
Future reptiles
Past
Today
Future
Earth's gravity is increasing

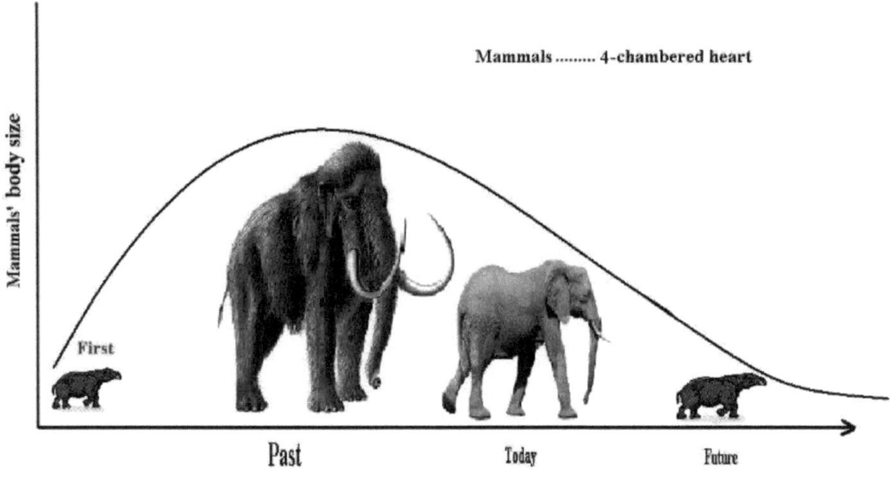
Mammals .... 4-chambered heart
Mammals' body size
First
Past
Today
Future
Earth's gravity is increasing

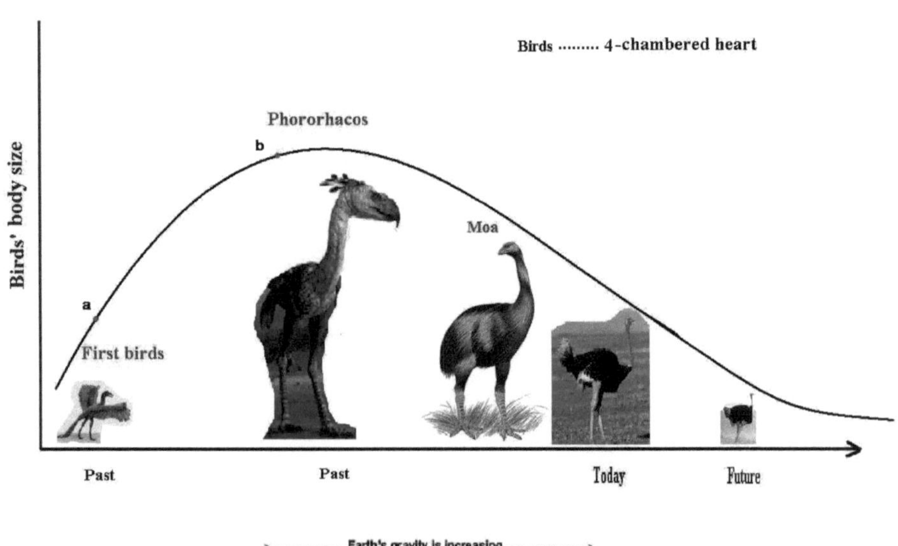
Birds .... 4-chambered heart
Birds' body size
Phororhacos
b
Moa
a
First birds
Past
Past
Today
Future
Earth's gravity is increasing

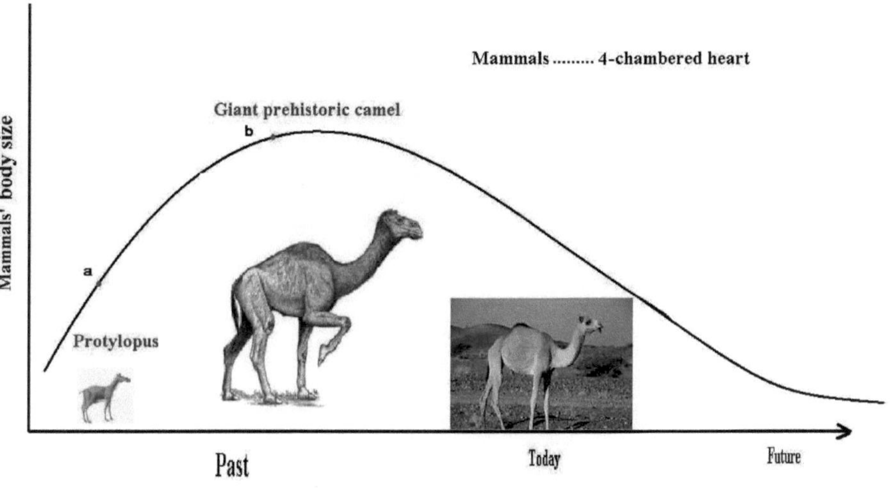
Mammals .... 4-chambered heart
Giant prehistoric camel
b
a
Protylopus
Mammals' body size
Past
Today
Future
Earth's gravity is increasing

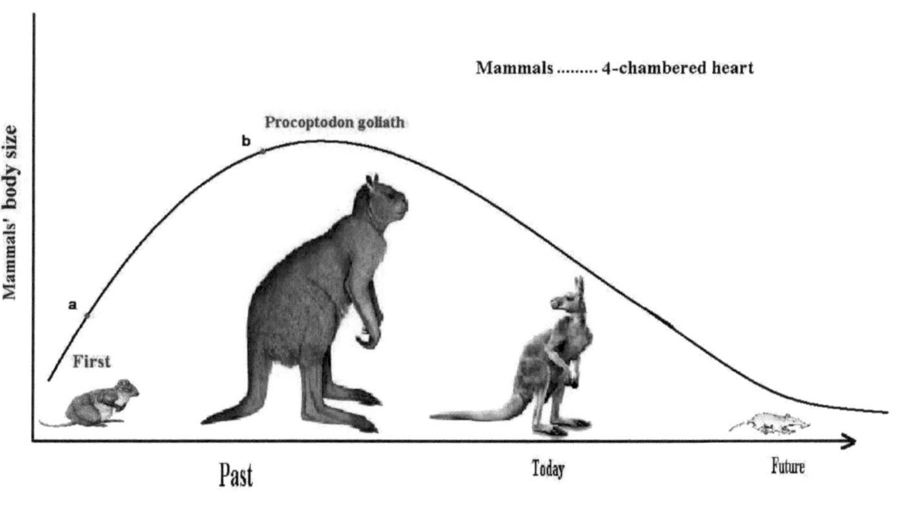
Mammals .... 4-chambered heart
Procoptodon goliath
b
a
First
Mammals' body size
Past
Today
Future
Earth's gravity is increasing

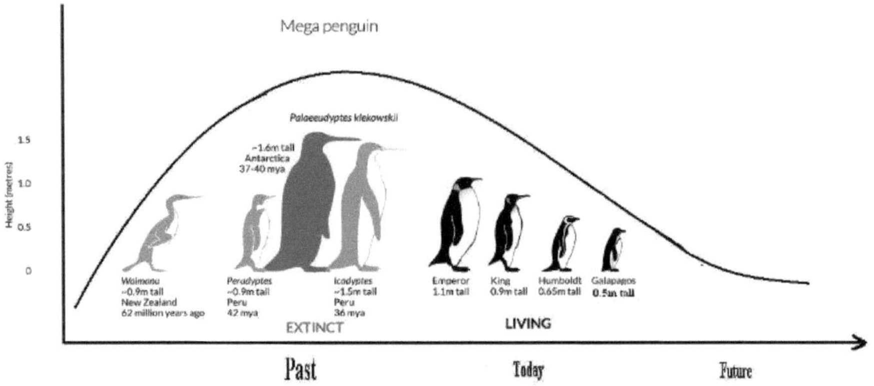

Ramin Amirmardfar
21 May 2016

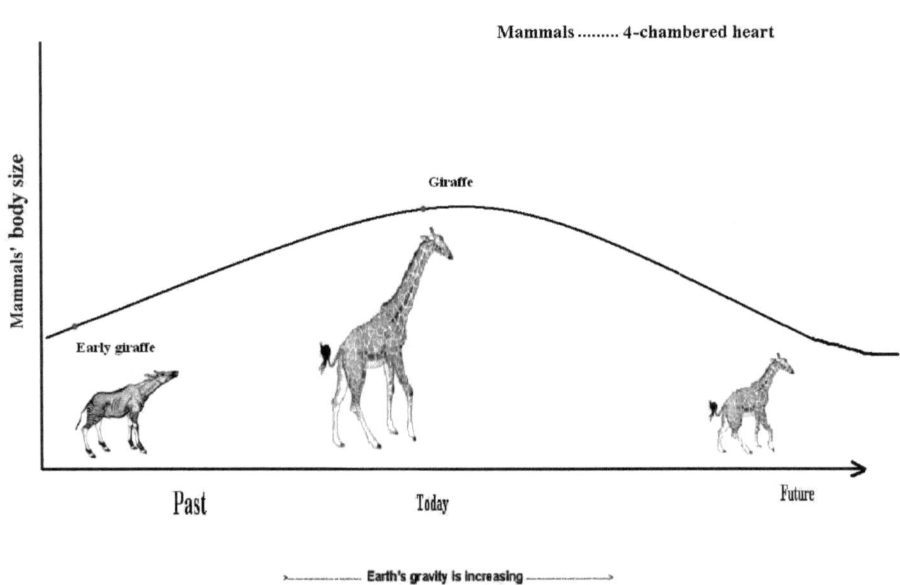

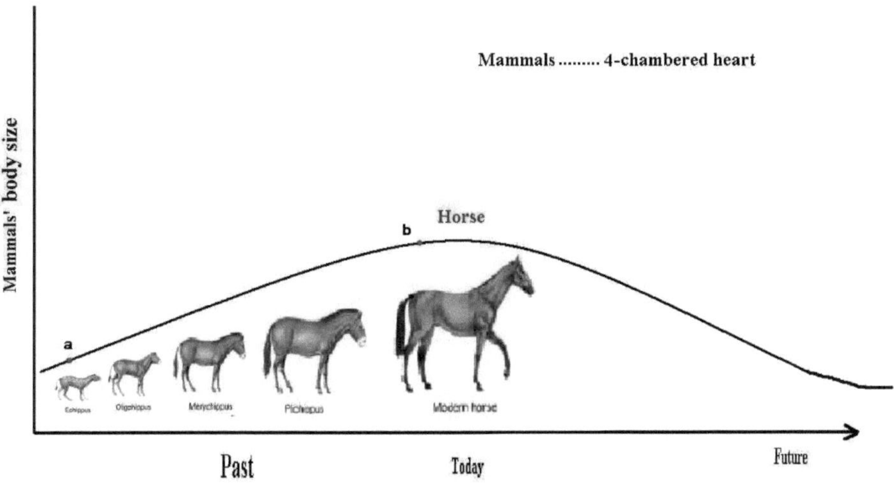

>.................. Earth's gravity is increasing ....>

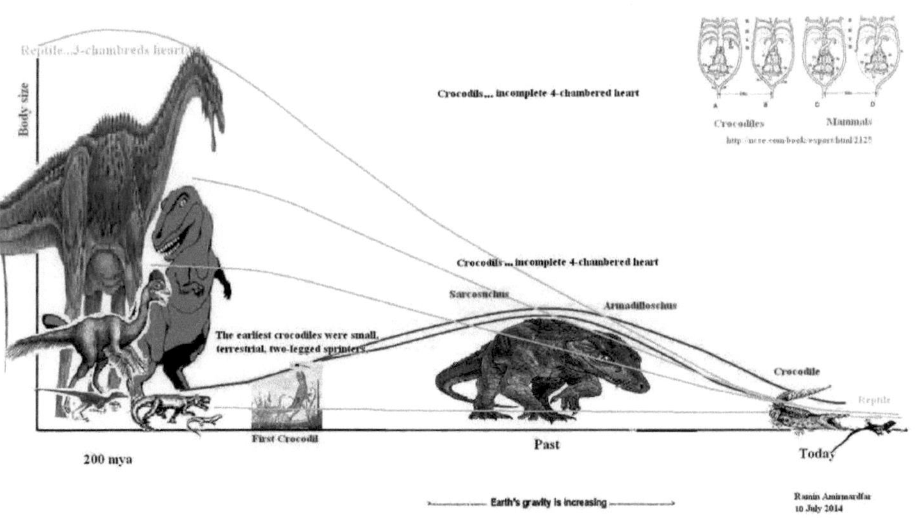

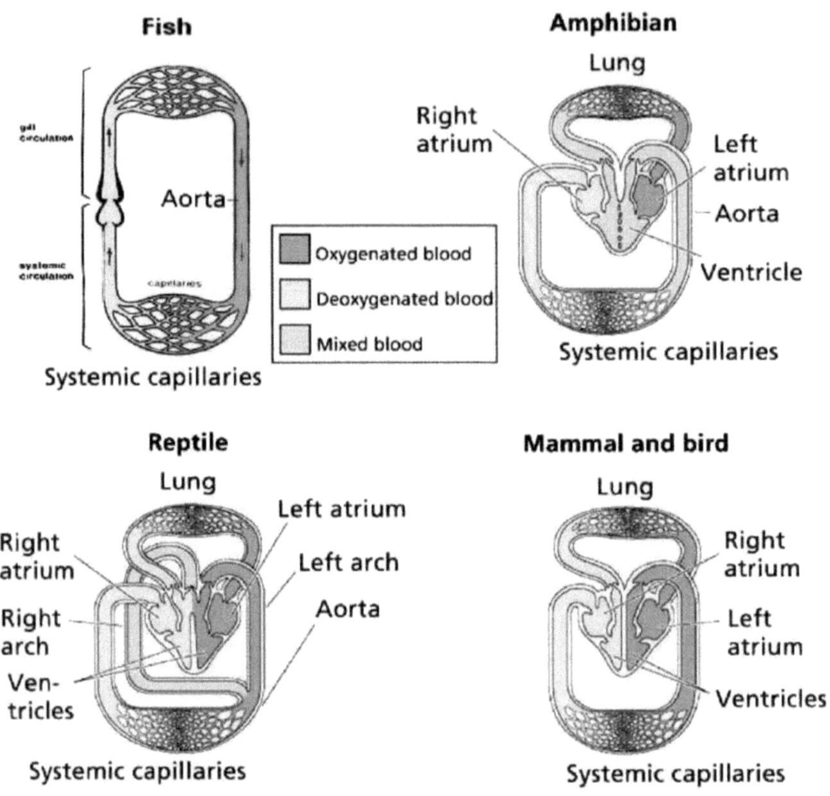

Vias circulatórias nos vertebrados. A evolução do coração dos vertebrados começou com corações de 2 câmaras (peixes) e, depois de passar pela fase de 3 câmaras (anfíbios e répteis), chegou aos corações de 4 câmaras (em mamíferos e aves). Adaptado de Wikispaces (2012).

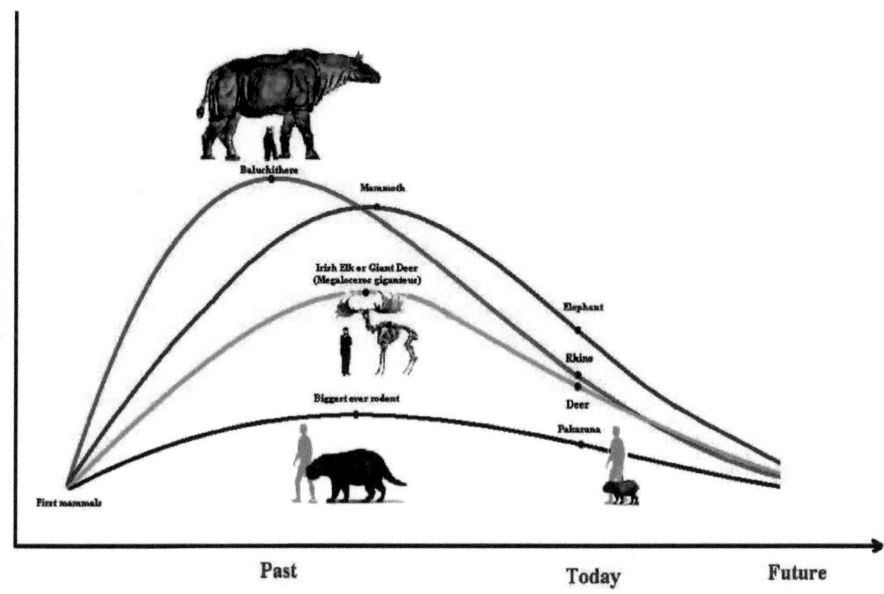
Size of mammal
Baluchithere
Mammoth
Irish Elk or Giant Deer
(Megaloceros giganteus)
Elephant
Rhino
Deer
Biggest ever rodent
Pakarana
First mammals
Past
Today
Future

Capítulo 9. A evolução dos mamíferos

Os mamíferos evoluíram pela primeira vez como animais de pequeno porte. Os mamíferos conseguiram vencer a gravidade com a ajuda de corações de 4 câmaras e de fortes sistemas de circulação sanguínea, tornando os seus volumes maiores (como se pode ver nas figuras). Mas durante o tempo em que ocorreu um aumento gradual da gravidade, os mamíferos falharam contra uma maior gravidade e tiveram de minimizar o seu volume. O processo de redução do tamanho do corpo tem continuado até agora e continuará no futuro. Os mamíferos tornar-se-ão gradualmente mais pequenos e, por fim, terão de rastejar no chão (tal como a classe dos répteis, que já tinha sido obrigada a rastejar). É possível que, no futuro, surja uma nova classe de animais (entre os mamíferos) com um sistema circulatório mais forte, capaz de vencer a gravidade, permitindo que o tamanho do corpo evolua novamente para tamanhos maiores. Se compararmos um dinossauro atual com um elefante atual, é uma comparação errada, porque pertencem a duas classes distintas. Do mesmo modo, se compararmos o tamanho do corpo de um Baluchitherium com o de um saurópode, essa comparação não nos conduzirá ao facto de a gravidade ter aumentado. Pelo contrário, leva-nos ao seguinte: A classe dos répteis foi capaz de fazer recuar mais a gravidade no seu ponto máximo de potência, mas os mamíferos, durante o seu ataque, avançaram menos do que os répteis.

Os elefantes, os rinocerontes, os cangurus, os camelos, todos os mamíferos evoluíram pela primeira vez como animais de pequeno porte. Os mamíferos conseguiram vencer a gravidade com a ajuda de corações de 4 câmaras e de fortes sistemas de circulação sanguínea, aumentando o seu volume. Mas durante o tempo em que ocorreu um aumento gradual da gravidade, os mamíferos falharam contra uma maior gravidade e tiveram de minimizar os seus volumes. O processo de minimização do tamanho do corpo tem continuado até agora e continuará no futuro. Os mamíferos tornar-se-ão gradualmente mais pequenos.

Porque é que as girafas vão voltar a ser baixas?

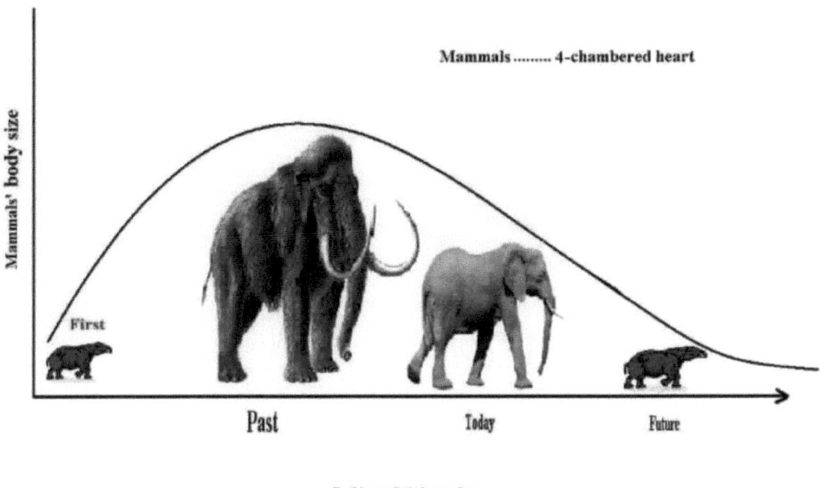
Mammals .... 4-chambered heart
Mammals' body size
First
Past
Today
Future
Earth's gravity is increasing

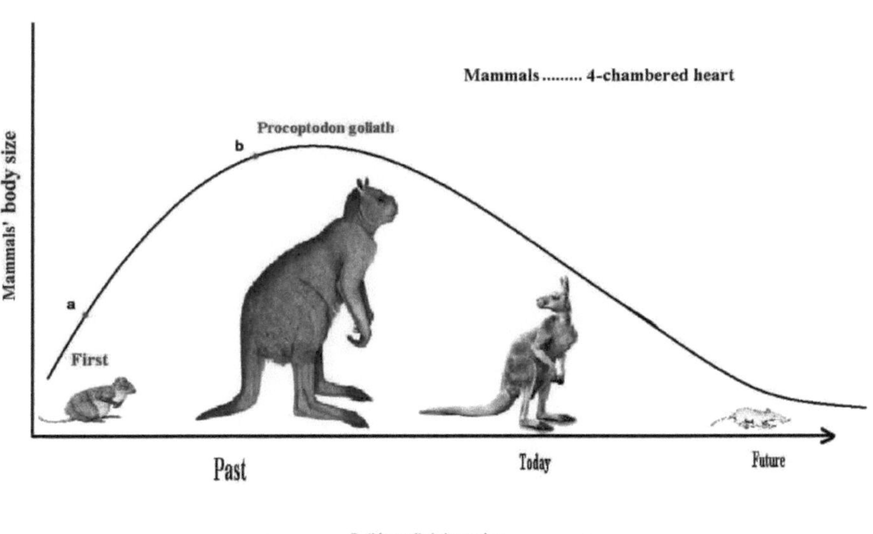
Mammals .... 4-chambered heart
Procoptodon goliath
b
a
Mammals' body size
First
Past
Today
Future
Earth's gravity is increasing

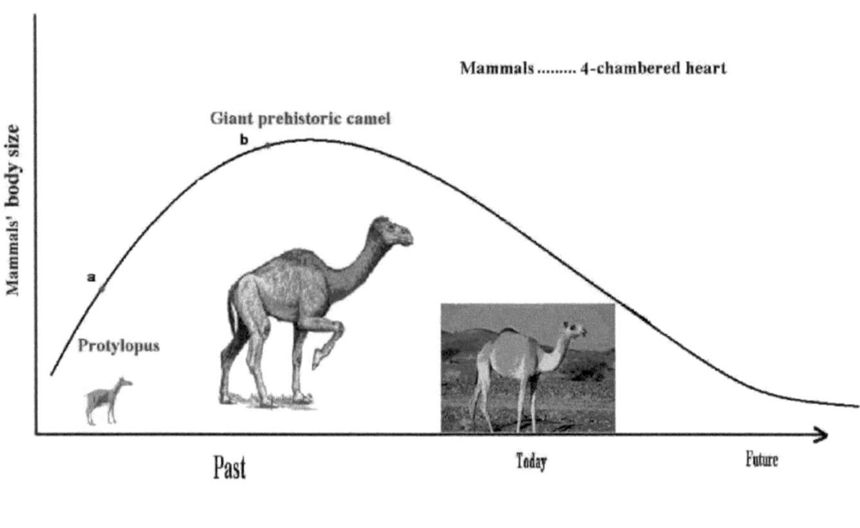
Mammals .... 4-chambered heart
Giant prehistoric camel
b
a
Protylopus
Mammals' body size
Past
Today
Future
Earth's gravity is increasing
Ramin Amirmardfar

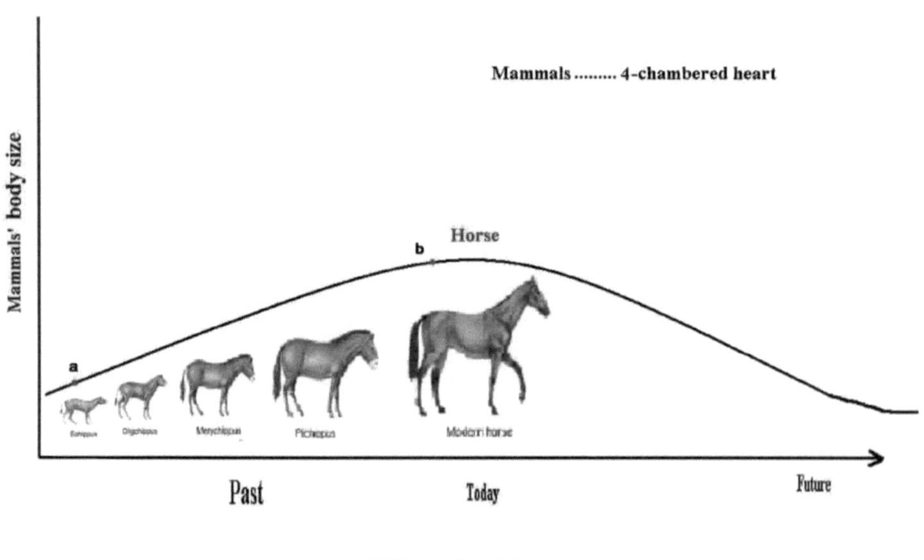
Mammals .... 4-chambered heart
Horse
b
a
Merychippus
Modern horse
Mammals' body size
Past
Today
Future
Earth's gravity is increasing

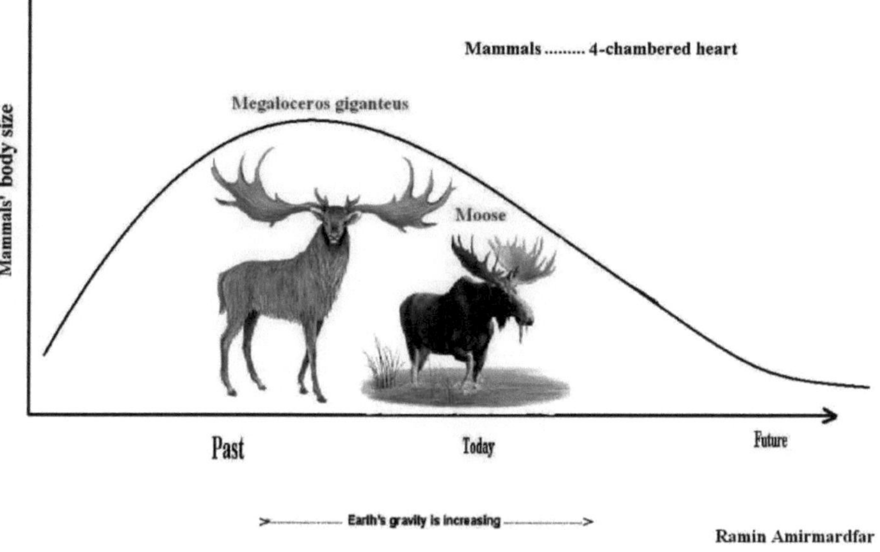
Mammals .... 4-chambered heart
Megaloceros giganteus
Moose
Mammals' body size
Past
Today
Future
>------------ Earth's gravity is increasing ----------------->
Ramin Amirmardfar

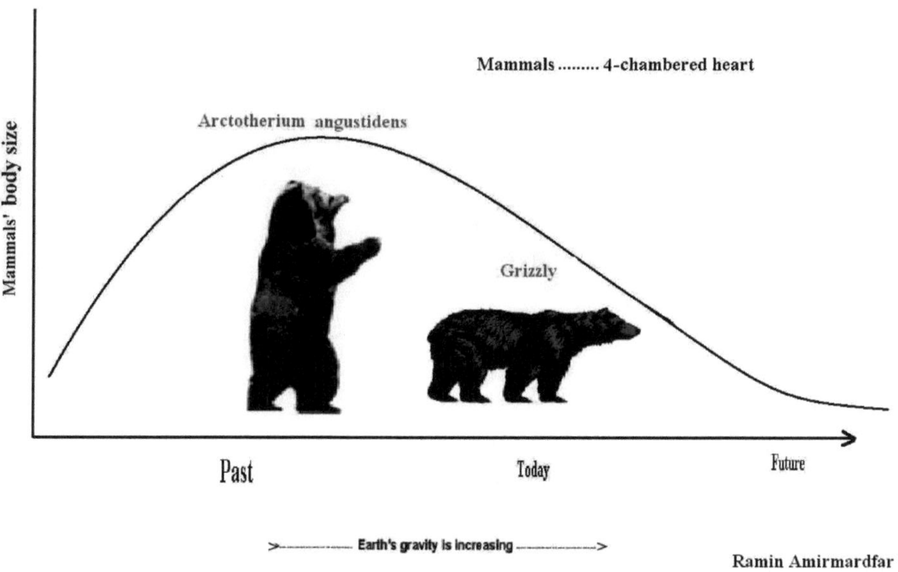
Mammals .... 4-chambered heart
Arctotherium angustidens
Grizzly
Mammals' body size
Past
Today
Future
>------------ Earth's gravity is increasing ----------------->
Ramin Amirmardfar

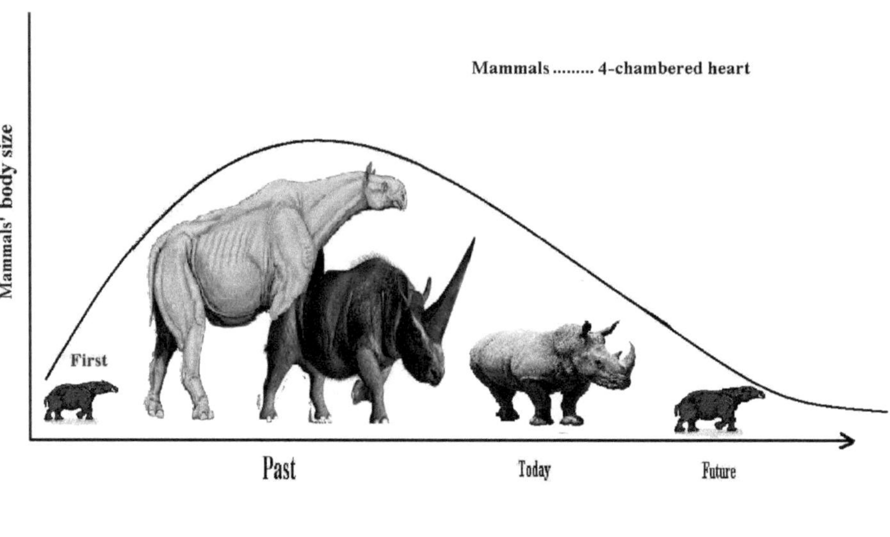

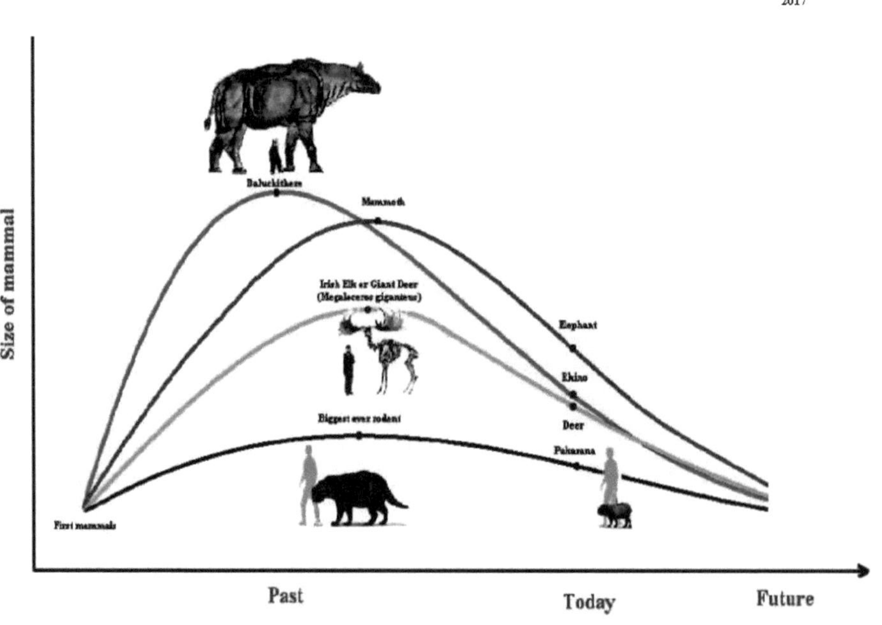

Todos os mamíferos após o seu pico tornam-se novamente mais pequenos. Mas, como se pode ver, o ponto de pico foi localizado em momentos diferentes. O pico da girafa foi localizado no tempo presente. Isto significa que as girafas se tornarão mais pequenas no futuro.

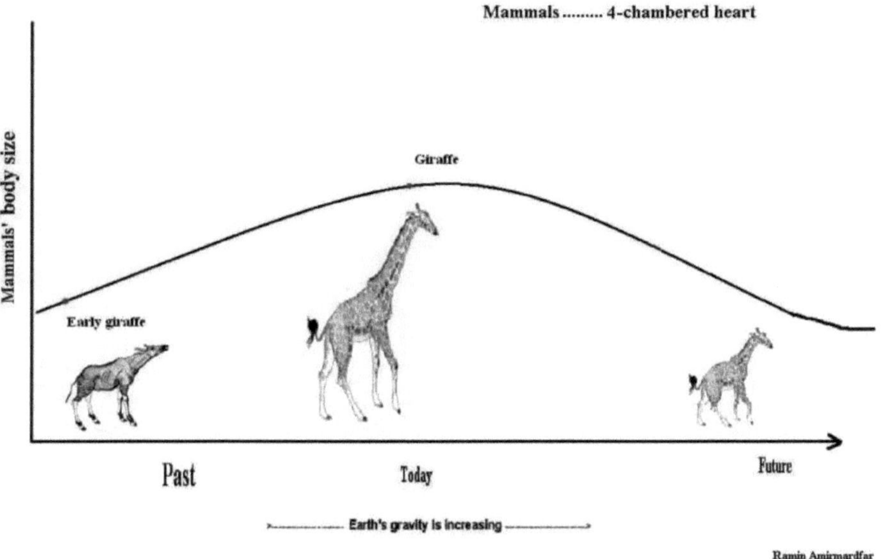

Capítulo 10. As plantas, outras testemunhas dos aumentos da gravidade

Sabíamos que o tamanho das espécies animais, em todas as classes, tem vindo a diminuir desde o passado até aos dias de hoje, e justificámos este fenómeno com a teoria do aumento da gravidade. Sabemos que, para além dos animais, existem outros seres vivos, como as plantas, na Terra.

Se as hipóteses sobre o aumento da gravidade forem verdadeiras, podemos observar os seus efeitos desde o passado até aos dias de hoje. Para transferir a água e outros materiais necessários, as plantas têm um sistema de transferência desses materiais, que é como o sistema sanguíneo dos animais. No corpo das plantas, a raiz, que é como o coração do coração dos animais, leva a água e outros materiais para cima, o sistema vascular, que é como os vasos sanguíneos dos animais, conduz a água e os materiais para os órgãos superiores das plantas. Tal como vimos nos animais, a evolução do sistema de transferência nas plantas não é do mesmo grau. Entre as plantas existem classes primitivas e evoluídas. Há uma questão que se coloca: será que a relação direta entre a força do sistema de transferência e o tamanho do corpo também é verdadeira nas plantas? Para responder a esta pergunta, é melhor classificar o grau de evolução do sistema de transferência das classes de plantas actuais.

O grupo das angiospérmicas tem o sistema de transferência mais avançado. Seguem-se as gimnospérmicas que têm um sistema de transferência mais avançado. Os fetos têm um sistema radicular e vascular relativamente forte. O grupo das cavalinhas tem raízes e sistema vascular fracos e primários, depois há os licopodiales, que têm as raízes e o sistema vascular mais primários, e no fim há as briófitas que quase não têm este sistema.

Agora, vamos comparar o tamanho do corpo entre estes grupos. Todas as plantas que vemos como árvores altas nas florestas e noutras partes da terra pertencem aos grupos das angiospérmicas e das gimnospérmicas, ou seja, têm um forte sistema de transferência! Os fetos são o grupo seguinte, que têm grandes dimensões. As cavalinhas só conseguem atingir 1 metro e as licopodiáceas são mais pequenas do que elas e, no fim, há as briófitas, que crescem a rastejar na terra ou noutras plantas. Assim, vemos que a relação direta entre a força do sistema de transferência e o tamanho do corpo é verdadeira para as plantas. Esta é uma situação normal, porque é necessário vencer a gravidade para transferir a água e os materiais para as partes altas e para as folhas das plantas, e é evidente que, quanto mais forte for o sistema de bombagem e o sistema de condução, maior será a distância de transmissão, pelo que a planta será capaz de transferir a água e os materiais para as partes altas, e se este sistema parar, a planta terá de encurtar a sua altura

Plantas terrestres vivas	Estrutura do sistema de circulação de fluidos	Tamanho do corpo
Briófitas (Musgos)	Quase sem sistema de circulação de fluidos	**Muito pequeno**
Lycophyta (musgo)	A maioria das raízes primárias e do sistema vascular	**pequeno**
Sphenophyta (Cavalinhas)	Raízes fracas e primárias e sistema vascular	**pequeno**

Ptreófitas (Fetos)	Raiz e sistema vascular relativamente fortes	**volumoso**
Gimnospérmicas	Sistema avançado de circulação de fluidos	**Grande**
Angiospérmicas	Sistema avançado de circulação de fluidos	**Grande**

Poderiam as plantas, que têm mais sistema de transferência primário e tamanhos pequenos, aumentar os seus tamanhos no passado? Se a resposta for <<sim>>, podemos esperar que a nossa hipótese seja verdadeira. Então estudamos os fósseis de plantas anteriores. Os vestígios remanescentes nos frios do período carbonífero (330 milhões de anos atrás), chamam a atenção dos cientistas. Há vestígios de lepidodendros gigantes e de kalamitais gigantes, a altura de alguns lepidodendros chega a 34,2m e o seu diâmetro a 1,8m, e a altura das cavalinhas gigantes chega a 15m ou mais. E também observamos os vestígios de fetos arbóreos e altos nestes fósseis. Portanto, é evidente que a resposta à pergunta é <<sim>>, ou seja, as plantas anteriores, com um sistema de transferência fraco, conseguiam aumentar o seu tamanho, mas não o podem fazer agora, porque a gravidade era menor do que atualmente, e elas conseguiram superá-la. Assim, as plantas são outras testemunhas da gravidade do passado até aos dias de hoje.

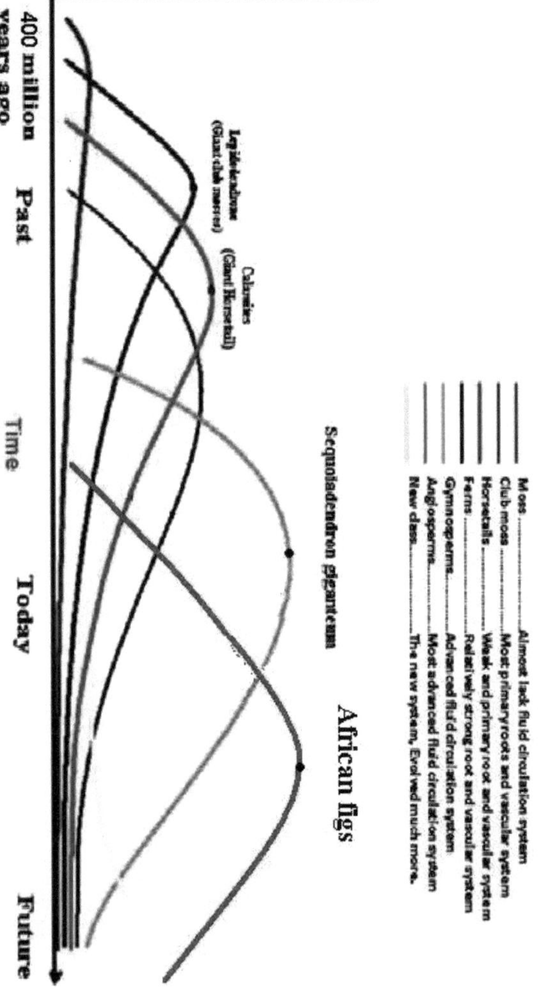
Moss ....Almost lack fluid circulation system
Club moss ....Most primary roots and vascular system
Horsetails ....Weak and primary root and vascular system
Ferns ....Relatively strong root and vascular system
Gymnosperms............Advanced fluid circulation system
Angiosperms............Most advanced fluid circulation system
New class............The new system, Evolved much more.
African figs
Sequoiadendron giganteum
(Giant club mosses)
(Giant Horsetail)
Plants' size
400 million years ago
Past
Time
Today
Future
Earth's gravity is increasing

Capítulo 11. A extinção dos dinossauros e o aumento da gravidade

Desde os primeiros dias em que foram encontradas as grandes ossadas de animais do passado, surgiram algumas questões sobre o seu declínio, que se mantêm até aos dias de hoje. Ao observar os fósseis de dinossauros gigantes, há cerca de vários milhões de anos, surge a questão de saber quais os factores que provocaram o seu declínio.

Os cientistas fizeram muitos esforços para responder a esta questão e sugeriram muitas teorias neste caso. Teorias como o surto de doenças, a diminuição de alimentos e a ingestão dos seus ovos por outros mamíferos mais pequenos.

Entre estas teorias, há uma teoria que é de maior aceitação pelos cientistas e atrai a atenção da maioria das pessoas, esta teoria que surgiu por dois geólogos americanos da universidade da Califórnia (Berkeley), Luis Alvarez e seu filho Walter nos últimos anos da sétima década, é sobre a colisão de meteoritos com a terra. Esta teoria diz o seguinte: Uma rocha com 10-15km de diâmetro e cerca de mil biliões de toneladas de peso, com 150 mil km/h entrou na atmosfera terrestre e o atrito desta rocha gigante no ar provocou a sublimação das suas camadas exteriores. Quatro ou cinco segundos depois, o grande núcleo deste meteorito colidiu com a superfície do mar e formou uma grande onda com uma altura de 1 km. Esta onda distribuiu-se pelos oceanos e cobriu as praias. A colisão do meteorito enviou uma mistura de vapor, poeira e pedras sobre a terra. Todas estas pedras, fumos e poeiras formaram uma grande cortina na Terra e durante vários meses ou talvez anos a Terra esteve numa escuridão absoluta. Estes acontecimentos ocorreram há cerca de 65 milhões de anos e deram origem à extinção dos dinossauros.

Se o declínio dos animais estivesse relacionado com um período especial, era possível confiar nesta teoria, mas como sabíamos, os animais em todas as épocas, perderam algumas espécies. Talvez, numa determinada altura, estes declínios tenham sido muito grandes, mas em todo o caso, os declínios existiram em todos os períodos de tempo. Se aceitarmos que a colisão de um meteoro gigante com a Terra e a formação de poeira e fumo, há 65 milhões de anos, causou o declínio dos dinossauros, como podemos explicar a existência de Endocras com 4,5m de diâmetro, há cerca de 500 milhões de anos. Será que nessa altura um meteorito gigante colidiu com a Terra e os fez declinar? Será que um outro meteorito colidiu com a Terra há 330 milhões de anos e diminuiu o Eogyrinus? Será que a colisão de meteoritos, há cerca de 250 milhões de anos, provocou o declínio dos grandes insectos? Neste caso, como podemos explicar o declínio das plantas Lepidodendrales, Calamitales e fetos arbóreos gigantes? Foram destruídas quando um grande meteorito colidiu com a Terra há 300 milhões de anos. O declínio do Macropustion e do grande Diprotodon na Austrália, e o declínio da terrível ave Phorohacos, que tinha uma cabeça tão grande como a de um cavalo e um comprimento de 3/6m e um grande bico de 60cm, há cerca de 40 milhões de anos, deveu-se à colisão de meteoritos? O declínio dos gigantes Dinornis maximus e Aepyornis maximus nestes anos deveu-se à colisão de um grande meteorito?

Tudo isto mostra que esta teoria não pode explicar o declínio dos animais durante os longos anos. Mas há outra questão, que mostra a invalidade desta teoria! A questão é a seguinte: partindo do princípio que um grande meteorito colidiu com a Terra há 65 milhões de anos, e que os grandes dinossauros entraram em declínio, porque é que os répteis que ficaram não conseguiram crescer? Os primeiros répteis, que eram anfíbios, eram muito pequenos, mas conseguiram crescer e dar origem aos dinossauros. Com a colisão de meteoritos, os dinossauros foram destruídos, mas alguns dos pequenos répteis sobreviveram. Porque é que eles fizeram animais maiores!

Então, torna-se claro que o fator que causou o seu declínio ainda se mantém e não permite que os grandes répteis cresçam.

Assim, a colisão do grande meteorito com a Terra e a formação de poeira e fumo na atmosfera não pode ser considerada como o fator do declínio dos dinossauros, porque, como a colisão ocorreu nessa altura, o efeito da poeira e do fumo desapareceu e não houve qualquer efeito posterior nos animais.

Embora a teoria da colisão de um grande meteorito e da formação de poeira e fumo não possa explicar a morte dos animais, mas, ao mesmo tempo, os cientistas não se enganaram ao sugerir esta teoria, na verdade estão próximos da realidade. Porque, de facto, o declínio dos animais está de alguma forma relacionado com os meteoritos, mas não da forma que Luis Alvarez e o seu filho explicam.

A teoria do aumento da gravidade diz que a queda de meteoritos em longos períodos de tempo causou o aumento gradual da terra e, com o aumento da gravidade, a capacidade do sistema sanguíneo desses animais diminuiu gradualmente. Assim, os animais que tinham um sistema sanguíneo mais fraco tornaram-se mais pequenos ou diminuíram. Por esta razão, após o declínio dos dinossauros, os outros répteis não conseguiram crescer, mas os pequenos mamíferos, que têm um sistema sanguíneo mais forte, conseguiram aumentar os seus corpos e tornaram-se os grandes mamíferos de há 20 milhões de anos. Assim, vemos que os cientistas não estão errados e têm razão em pensar que os meteoritos são um fator importante neste fenómeno. Mas na forma de explicar e na qualidade da extensão dos meteoritos, eles estão errados. Os cientistas estão à procura de um meteorito de grandes dimensões, que tenha sido capaz de produzir tanta poeira e fumo na Terra. Mas, como sabemos, não é necessário encontrar um grande meteorito, e os pequenos meteoritos também podem aumentar a gravidade, desde que o seu número seja grande.

As pessoas que aceitam a teoria da colisão de um grande meteorito com a Terra, pensam que, revelando os genes existentes nos ovos deixados pelos dinossauros, podem reconstruí-los, ou usando os espermatozóides de mamutes congelados, podem reconstruí-los. Pensam que o fator de declínio, que foi o grande meteorito, colidiu na altura e que tudo está terminado, e que podem formar novos animais gigantes. Estes cientistas desconhecem a Terra, onde põem os pés, e não sabem que, se a gravidade da Terra for igual à gravidade atual, é impossível reviver animais tão gigantes. Talvez isso seja possível na Lua, cuja gravidade é 1/6 da da Terra.

Capítulo 12. A relação entre o sistema sanguíneo e a pressão atmosférica

sabíamos que existe uma relação direta entre a força do sistema sanguíneo e o tamanho do corpo dos animais. Ou seja, quanto maior for a eficácia do sistema sanguíneo e a força do coração do animal, maior será o tamanho do seu corpo. Porque, ao aumentar a força do sistema sanguíneo do animal, este consegue facilmente ultrapassar a gravidade e faz com que o sangue suba mais alto e torne o seu corpo maior.

Mas há uma questão. Até que ponto o aumento do coração e, consequentemente, o aumento do tamanho do seu corpo, pode ser continuado? Se um animal tem um sistema sanguíneo com boa eficácia e um coração forte, até que ponto pode alongar-se e aumentar o tamanho do seu corpo?

Suponhamos que temos uma bomba de água e que queremos tirar água de um poço. A questão é a seguinte: Qual é a profundidade máxima a que podemos retirar água do poço com esta bomba?

De acordo com Aristóteles, era possível; era possível extrair a água com a bomba de qualquer profundidade. Mas os mineiros, que pretendiam fazer sair a água da mina, aperceberam-se de que não conseguiam extrair a água a mais de dez metros de profundidade, mesmo que bombeassem com muita força. Nos últimos anos da sua vida, Galileu interessou-se por este assunto, mas não conseguiu chegar a nenhum resultado, exceto o de que a natureza detesta o vazio, até certo ponto. Ele pensou que, se usar um líquido mais pesado, essa quantidade diminuirá ou não? Mas antes de o fazer, morreu. O seu aluno Torricelli examinou esta experiência em 1644. Fizeram este exame com mercúrio e verificaram que só o podiam levantar até 76 cm no vazio. Justificaram este facto com a pressão do ar e disseram que o ar que nos rodeia tem uma pressão sobre todas as superfícies da terra, cujo valor é constante na Terra, e esta pressão faz subir a água do poço através de bombagem, e porque a sua força é uma quantidade clara, com que intensidade bombeamos, não é possível puxar a água mais de dez metros (claro que agora, em poços profundos, estão a ser usadas bombas flutuantes no botão dos poços e estas bombas não sugam a água para cima, mas empurram a água para baixo).

Se considerarmos o coração dos animais como uma bomba de água, podemos compreender a importância da pressão do ar à nossa volta. O coração tem de bombear o sangue das partes inferiores do corpo. O ar interfere nesta ação, e quando o coração se dilata, faz um vazio em si mesmo, e a pressão do ar envia o sangue para o coração, forçando a superfície do corpo. Como sabíamos, a força da pressão do ar é uma determinada quantidade, e o coração não consegue elevar o sangue a partir de uma determinada quantidade, tal como a bomba de água não consegue elevar a água mais de 10 metros.

O sangue é mais pesado que a água, e a sua densidade é de 1,6, ou seja, de tão forte que é o coração, é capaz de assentar 6m acima do solo. Assim, podemos dizer que o tamanho máximo do corpo do animal está relacionado com a quantidade de pressão atmosférica. O sistema sanguíneo é mais eficiente quando a gravidade é menor e a pressão atmosférica é elevada. Assim, sempre que a força do sistema sanguíneo é mais fraca, o animal é menos capaz de vencer a gravidade e o seu tamanho torna-se mais pequeno. Além disso, se o animal tem um sistema sanguíneo fraco, tem de viver num local onde a pressão do ar é elevada. Assim, as aves que têm um sistema sanguíneo forte e um sistema respiratório avançado podem voar a grandes alturas. Como o ganso indiano, que voa a 9000 m da superfície do mar, onde a pressão do ar é um terço da pressão do ar à superfície do mar. Na Terra, os grandes mamíferos com um sistema sanguíneo forte são capazes de viver na maior parte do planeta e são altos e têm corpos grandes. Os répteis, que têm um coração mais fraco, só podem deitar-se no chão. Quando os anfíbios são recém-nascidos e têm um coração fraco de 2 câmaras, vivem na água, e quando obtêm um coração forte e de 3 câmaras podem viver na terra, mas com corpos pequenos. Os peixes podem viver na água com o coração de 2 câmaras, e deitam-se na água.

A água é 800 vezes mais densa do que a água e a pressão no interior da água é de longe superior à do ar. Em diferentes profundidades da água, a pressão é diferente, e por cada 10m de profundidade, uma atmosfera é adicionada à pressão da água. Nas zonas profundas da água, a pressão é muito elevada, pelo que concluímos que os animais que têm um sistema sanguíneo mais fraco devem sobreviver nas profundezas da água. Assim, o celacanto, que é um peixe primário, é capaz de viver em mares muito profundos e, se o levarmos para águas menos profundas, morrerá num curto espaço de tempo.

Também os animais que têm um sistema sanguíneo mais fraco podem ser muito grandes, apenas em águas muito profundas. Como os maiores caranguejos que vivem num grande mar profundo. Porque nesse sítio há muita pressão.

1

The height/Length of the animals depends on the following factors:

1-Air pressure
2-Earth surface gravity
3-Density of Blood
4-Strength of the circulatory system
5- Body angle relative to the ground
6- Amount of organic phosphates (like DPG) existing in blood

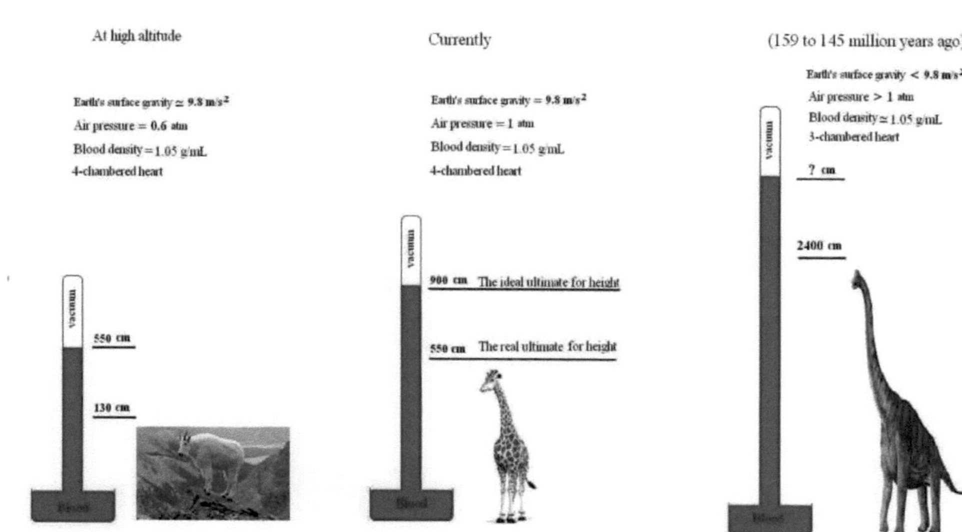

Ramin Amirmardfar
6 desember 2014
Rewrite 15 December 2015

3

The length of the animals depends on the following factors:

1-Air pressure
2-Earth surface gravity
3-Density of Blood
4-Strength of the circulatory system
5- Body angle relative to the ground
6- Amount of organic phosphates (like DPG) existing in blood

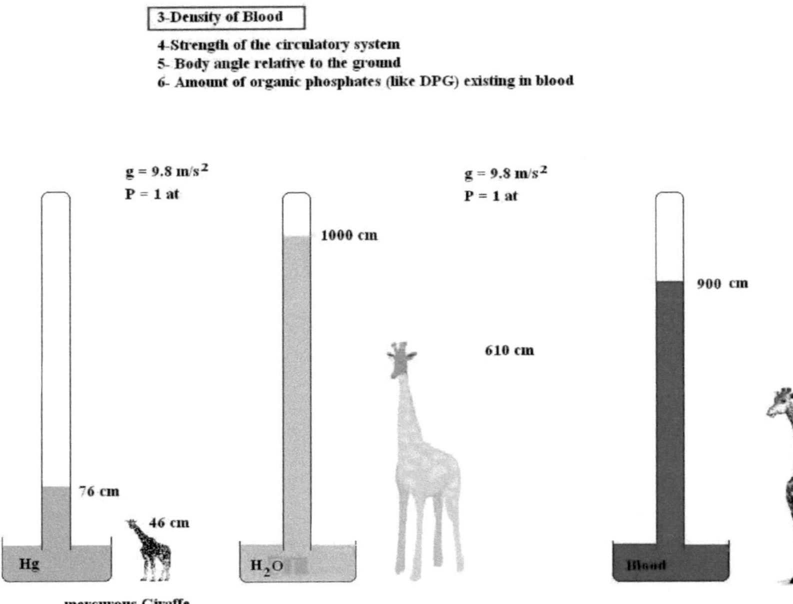

Ramin Amirmardfar
6 desember 2014

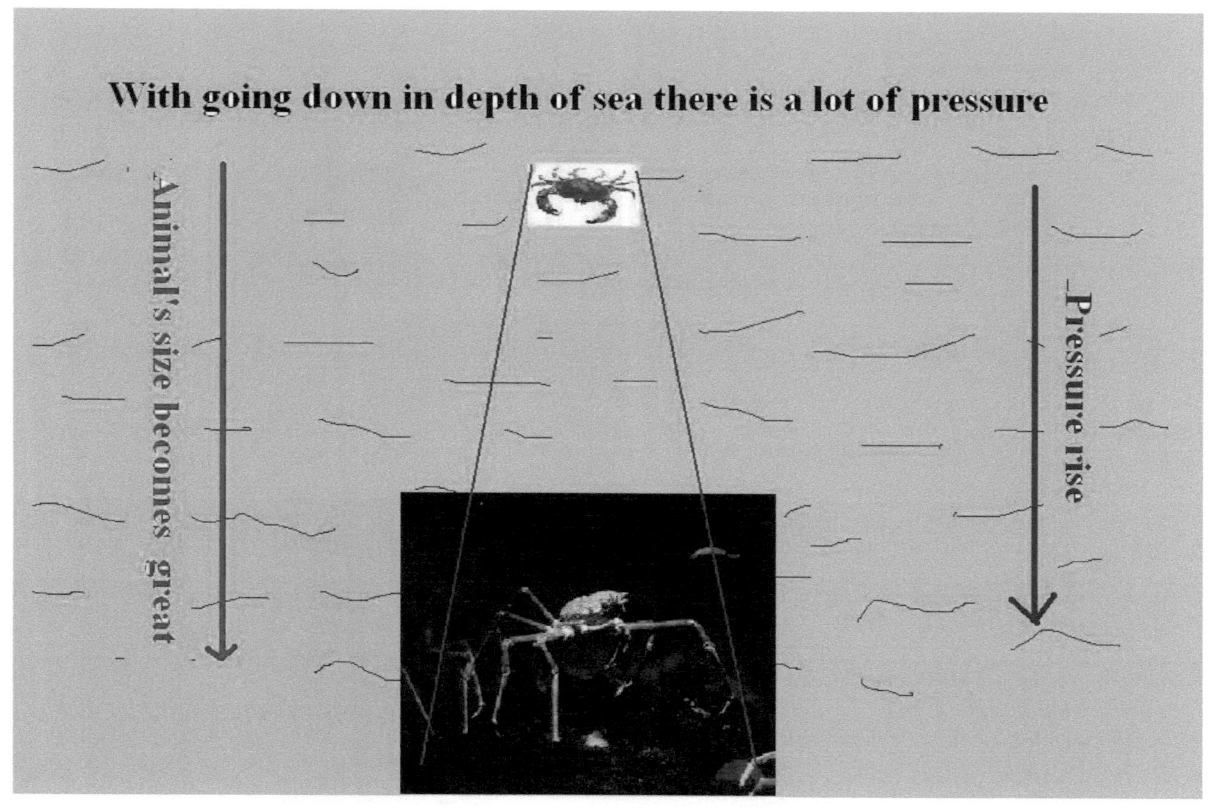

Ramin Amirmardfar

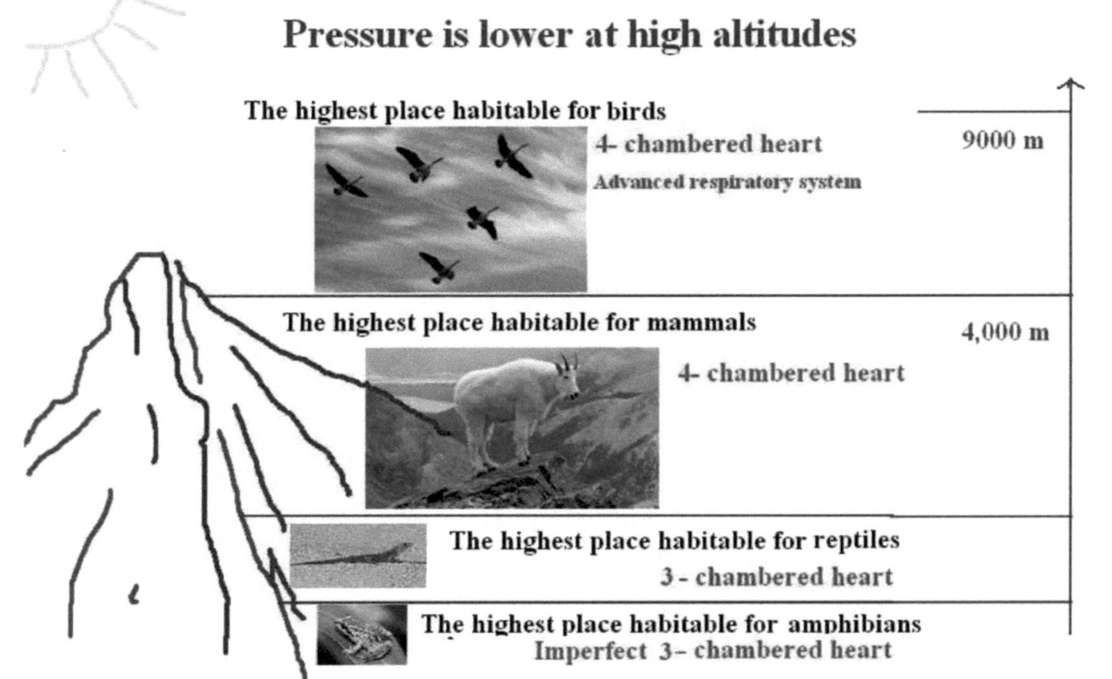
Pressure is lower at high altitudes
The highest place habitable for birds
4- chambered heart
Advanced respiratory system
9000 m
The highest place habitable for mammals
4,000 m
4- chambered heart
The highest place habitable for reptiles
3 - chambered heart
The highest place habitable for amphibians
Imperfect 3- chambered heart
Ramin Amirmardafr

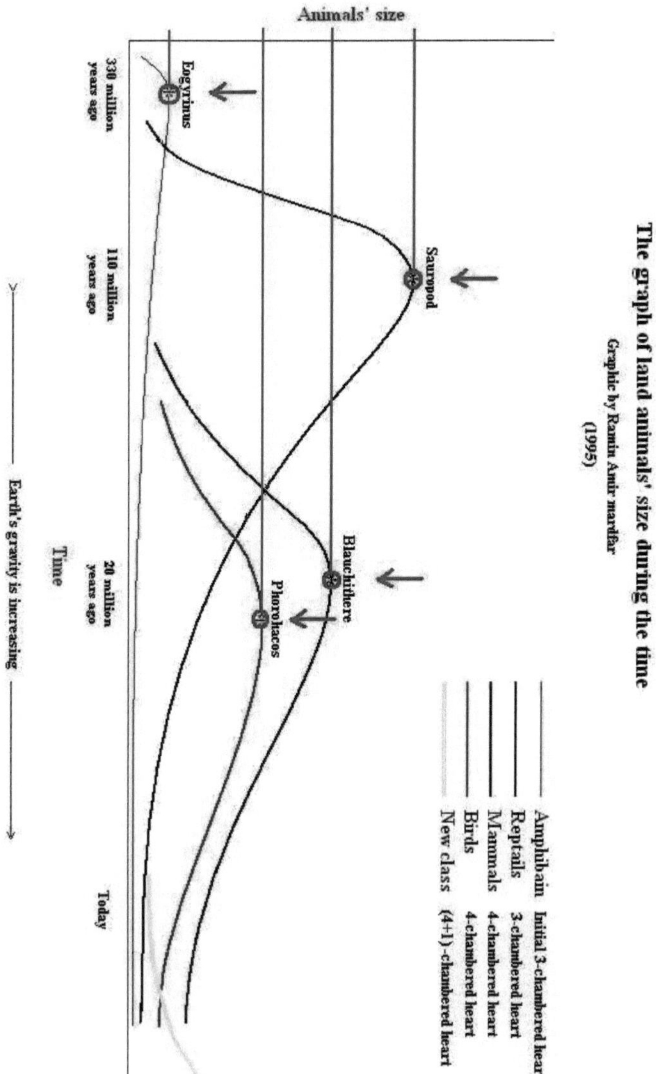

O gráfico acima mostra que: A quantidade de pressão atmosférica, no tempo de vida do saurópode, foi maior do que em todos os outros tempos.

Capítulo 13. Porque é que os primeiros mamíferos tinham corpos pequenos?

Os primeiros mamíferos que apareceram na Terra tinham o tamanho do corpo dos pequenos ratos actuais. Depois, com o passar do tempo, os seus corpos tornaram-se maiores. O exemplo mais conhecido é o das espécies de cavalos que, na altura do seu aparecimento, tinham corpos pequenos e depois tornaram-se maiores. Os cavalos começaram a partir do Eohippus, que tinha 28 cm de altura. Depois, gradualmente, tornaram-se maiores e produziram Mesohippus, Merychippus e, finalmente, os cavalos actuais. Os primeiros camelos também eram muito pequenos e tinham 50cm de altura, depois os seus corpos tornaram-se maiores (Oxydactylus) e depois converteram-se em Gigantecamelus fricki que tinha 4m de altura. Depois deste extremo, começaram a ficar mais pequenos até atingirem a altura dos camelos actuais, que têm 2,3 m de altura. Os elefantes também se desenvolveram a partir de pequenos animais anteriores. No início, os elefantes eram pequenos, não tinham tromba e tinham dentes da frente bastante grandes. Depois tornaram-se cada vez maiores até se converterem em mamutes e Elephas imperator com 4,1m de altura. Depois deste extremo, começaram também a ficar mais pequenos. Tornaram-se um pouco mais pequenos (Matodon) e finalmente atingiram o tamanho dos elefantes actuais, ou seja, com 2m de altura. Os rinocerontes também se desenvolveram a partir de pequenos animais anteriores, e depois tornaram-se gradualmente maiores, até produzirem espécies maiores de Baluchithere. O Baluchithere foi o maior mamífero da Terra até à data. Mas, mais tarde, também tornaram os seus corpos mais pequenos, até atingirem o tamanho dos actuais rinocerontes. Os veados, tal como outros animais, começaram por ter corpos pequenos e depois atingiram o tamanho do Civatherium, que era duas vezes maior do que o búfalo, e a sua cabeça era tão grande como a cabeça do elefante com um par de chifres. Foram ficando cada vez mais pequenos até atingirem o tamanho dos veados actuais. Os animais carnívoros também começaram por ter corpos pequenos e depois foram crescendo até chegarem à sua extremidade, como o Maicrodous, que era semelhante ao tigre mas muito maior do que ele, com presas de 14 cm de comprimento. Depois disso, tornaram-se mais pequenos e atingiram o tamanho dos animais carnívoros actuais. Estes exemplos não incluem apenas os mamíferos, se olharmos para a genealogia de qualquer animal, podemos ver que começa por ser um animal pequeno e depois vai crescendo até chegar ao seu extremo e, em seguida, começa a diminuir novamente, até chegar ao seu tamanho atual. A classe dos répteis não precisa de ser explicada e todos nós estamos cientes do seu aparecimento, primeiro de pequenos répteis, a partir dos anfíbios, depois do seu crescimento até aos dinossauros e, em seguida, da sua diminuição gradual até aos nossos dias. A classe das aves também começou com corpos pequenos. O Archaeopteryx, a primeira ave, que era tão pequena como um pombo, desenvolveu-se a partir de répteis. Depois tornaram-se cada vez maiores até produzirem espécies tão grandes como a Moa (Dinornis maximus) com 4m de altura e o elefante, como a ave (Aepyornis maximus) com 3,5m de altura e 500kg de peso, que viveram até há várias centenas de anos, a primeira na Nova Zelândia e a segunda em Madagáscar. Mas estas aves também tornaram o seu corpo mais pequeno até atingirem o tamanho das avestruzes actuais, que tinham apenas 2,6 m de altura e 137 kg de peso. Anteriormente, sabíamos que, com o passar do tempo, a gravidade aumentava gradualmente desde o passado até à atualidade, o que fazia com que os animais de grande porte diminuíssem o seu corpo, por não terem força suficiente para transmitir o sangue a grandes alturas em condições de grande gravidade. Quando estes animais completaram o seu sistema de circulação sanguínea, puderam recuperar a força perdida e foram capazes de ultrapassar a gravidade elevada, tornando o seu corpo maior. Anfíbios de grande porte, como os Eogyrinus, que tinham 4,5 m de altura, tornaram o seu corpo mais pequeno, devido ao aumento da gravidade. Mais tarde, alguns destes anfíbios encolhidos conseguiram completar o seu sistema circulatório e converteram-se nos primeiros répteis. Estes primeiros pequenos répteis conseguiram ultrapassar o aumento da gravidade da época e tornaram os seus corpos maiores com a ajuda do seu forte sistema circulatório, de modo a poderem produzir os gigantescos dinossauros. Mas o aumento da gravidade continuou sem interrupção e aumentou na medida em que o seu sistema circulatório não tinha força suficiente para vencer a gravidade e tiveram de tornar os seus corpos mais pequenos. As aves e os mamíferos desenvolveram-se a partir de pequenos répteis e, com a ajuda do seu forte sistema circulatório, puderam tornar os seus corpos maiores, mas, devido a um novo aumento da gravidade, tiveram de tornar os seus corpos mais pequenos. Até aqui, se aceitarmos o aumento da gravidade, não temos mais problemas. Mas, aqui há uma questão, quando os mamíferos estavam a ser produzidos, havia grandes répteis, porque é que eles não evoluíram e porque é que não produziram os mamíferos, e porque é que esta evolução se deu entre pequenos répteis. Se os mamíferos foram produzidos a partir dos grandes répteis da altura, não tinham de aumentar de novo o seu corpo e perder tempo. O mesmo se aplica às aves, porque é que o Archaeopteryx não se desenvolveu a partir de um grande réptil, e porque é que um pequeno réptil se converteu na primeira ave e porque é que as aves tiveram de perder mais tempo para aumentar o seu corpo, e também podemos perguntar porque é que os primeiros répteis não se desenvolveram a partir de anfíbios com 4,5 m de comprimento e porque é que o aparecimento de répteis começou a partir de pequenos anfíbios? Suponhamos que existe uma escada rolante que se desloca para baixo e que tudo o que é colocado nela está a ser retirado. Cada degrau tem 1cm de altura, ou seja, o primeiro degrau é 1cm mais alto que a terra, o segundo degrau é 2cm mais alto que a terra, o terceiro degrau é 3cm mais alto que a terra, etc. E, ao lado dos degraus, há uma parede onde está escrita a altura de cada degrau até à terra, ou seja, ao lado do décimo degrau está escrito o número dez, que indica a altura de 10cm. Quando a escada rolante desce, os degraus descem, mas os números são fixos, ou seja, quando o décimo degrau desce, ele é colocado no lugar do nono degrau, e a sua altura diminui de 10cm para 9cm. Agora, suponha que diferentes animais se encontram nos degraus da escada rolante, mas numa determinada ordem, de modo que o número na parede indique a altura do animal que se encontra ao lado da parede. Ou seja, o rato, com 4 cm de altura, está no quarto degrau, o gato, com 20 cm de altura, está no vigésimo degrau, o rinoceronte, com 1 m de altura, está no centésimo degrau, o elefante, com 2 m de altura, está no duzentosimo degrau e a girafa, com 4 m de altura, está no quatrocentésimo degrau e os restantes animais estão na mesma ordem. O movimento descendente da escada rolante é como o aumento da gravidade, que tenta tornar o corpo dos animais mais pequeno, atraí-los para baixo e colocar o seu degrau ao lado do número menor. Por exemplo, o mamute, que há milhões de anos se encontrava num degrau de 4 a 5 m, desceu gradualmente devido ao efeito do movimento descendente da escada rolante e, atualmente, o elefante, que é uma das suas molas, encontra-se num degrau com 2 m de altura. A Moa (Dinornis maximus) que se encontrava no quarto centésimo degrau há centenas de anos, com o passar do tempo, por efeito do movimento da escada rolante, desceu e agora o número da parede, ao lado, mostra o número 260, que é o lugar da avestruz atual. No passado, os antepassados do tigre encontravam-se nos degraus superiores, mas foram gradualmente trazidos para baixo pela escada rolante, e agora o tigre encontra-se nos degraus inferiores. O Gigantecamelus fricki encontrava-se no 400º degrau no passado, mas agora a escada rolante trouxe-o para o 250º degrau, que é o lugar dos actuais camelos com 2,5 de altura. A cada momento que a escada rolante se desloca para baixo, é a gravidade que os leva a corpos pequenos, mas porque é que a escada rolante, que se desloca de madrugada durante milhões de anos, não conseguiu trazer todos os animais para o degrau mais baixo, e depois de todo este tempo, em que a escada rolante se desloca para baixo, há alguns animais que estão em degraus mais altos? Isso deve-se ao facto de os animais conseguirem subir os degraus. Embora a escada rolante se desloque para baixo, alguns animais saltam de um degrau para outro mais alto e, ao fazê-lo, conseguem evitar que desçam mais, mas este salto não acontece sempre e em alturas completamente acidentais. Este salto é possível ao ganhar um sistema circulatório mais forte, ou seja, qualquer animal que ganhe um coração mais forte, tem a permissão de saltar para um degrau superior, pois é neste caso que consegue vencer mais a gravidade, e tornar o seu corpo maior. Um pequeno réptil que se encontrava nos primeiros degraus há 200 milhões de anos, ao completar o seu sistema circulatório e ao converter-se em mamífero, pôde subir os degraus e ir subindo um a um até chegar aos degraus superiores. Ou seja, gerou Baluchitheres, Mamutes, camelos maiores, cavalos e outros grandes mamíferos. Sabemos que a evolução dos animais ocorre por mutações genéticas e seleção natural. A evolução do sistema circulatório, também, segue isto, e também sabemos que as mutações genéticas ocorrem acidentalmente e entre milhares de mutações, uma delas pode ser boa para o animal e ser selecionada para esclarecer este assunto voltamos à escada rolante novamente. Um animal está parado num degrau e quer ganhar o poder de saltar para o degrau superior. Suponhamos que, se o animal comer alguns espinafres como <>, pode ficar forte e subir para os degraus superiores. Mas esses espinafres estão em latas com portas fechadas e as portas têm uma fechadura que está cifrada e a sua cifra é constituída por três números e só pode ser descoberta mudando os números acidentalmente. Cada animal quer descobrir rapidamente a cifra da fechadura, abrir a porta e comer os espinafres, para poder saltar para os degraus superiores, a não ser que a escada rolante o arraste para baixo. Ao pé dos degraus há uma piscina funda e os animais não querem cair nela e afogar-se, por isso devem mudar rapidamente os números cifrados e encontrar a cifra da fechadura e abri-la. Alguns dos animais encontram a cifra e conseguem subir aos degraus superiores e, também no degrau superior, não param o seu trabalho e tentam abrir a outra fechadura, porque a escada rolante não pára o seu trabalho e tenta puxá-los para baixo. Esta competição entre os animais e a escada rolante continua. Ou, por outras palavras, a competição entre os animais e o aumento da gravidade continua. Mas a nossa pergunta ainda não foi respondida, porque é que a descoberta da cifra ocorre sempre entre animais pequenos? Se encontrar a cifra é acidental, então, os animais grandes e pequenos deveriam ter a mesma hipótese de a encontrar. Mas vemos que não é assim no proactivo e os animais pequenos têm mais hipóteses do que os grandes de encontrar a cifra e subir os degraus, porquê? Isto é, se tivessem a mesma hipótese, tanto os répteis grandes como os pequenos deveriam ser capazes de descobrir a cifra de gerar um coração mais forte e converter-se num mamífero, mas vemos que os répteis grandes não o conseguiram fazer e apenas os répteis pequenos conseguiram descobrir a cifra e converter-se num mamífero e puderam subir os degraus. Aqui, vemos que há uma discriminação entre os degraus superiores e inferiores da escada rolante. Todos os animais que estão nos degraus inferiores têm mais hipóteses de descobrir o código e abrir as portas das latas mais cedo do que os animais que estão nos degraus superiores. Como a cifra das latas é a mesma em todos os degraus, isso se justifica por um procedimento, que é o número de participantes que estão em cada grupo, ou seja, o número de animais de cada espécie. Supondo que dois animais de cada espécie são colocados em cada etapa, ou seja, ambos começam a encontrar a cifra do cadeado é claro que, este grupo que tem dois membros, tem o dobro de hipóteses de encontrar a cifra do cadeado. Encontram a cifra da fechadura, mais cedo do que os outros grupos de um membro e encontram a cifra da fechadura mais cedo do que os outros grupos e vão para os degraus superiores. O grupo que tem mais membros tem mais hipóteses de encontrar as cifras mais cedo e de passar às etapas superiores. Consideramos os números da cifra como os genes dos animais, a sua hipótese ocorre por reprodução e cada descendência representa uma hipótese de número. Em cada reprodução ocorre a mutação e o gene dos filhos tem uma pequena diferença em relação ao gene dos pais. De milhares de descendentes, apenas um deles tem a cifra de abrir a fechadura, ou seja, um deles tem o gene de gerar um sistema circulatório forte e só ele é capaz de ir para o degrau superior, ou seja, a seleção natural selecciona este gene que contém a cifra correcta, se o número de reproduções numa espécie for baixo, o número de cifras alteradas é menor, mas se muitos animais se reproduzirem juntos o número de descendentes é maior e a probabilidade de um deles ter a cifra correcta é alta. Agora, olhemos para a natureza, que animais têm maior capacidade de reprodução e cujo número é elevado? Recordemos o rato, que pode ter várias crias num curto espaço de tempo e que essas crias se tornam adultas passado pouco tempo e podem voltar a ter crias. Recordemos um gato que pode ter várias crias de cada vez, mas apenas uma vez por ano. Depois, demora um ano até atingir a maturidade e começar a reproduzir-se. Assim, a taxa de reprodução do gato é menor do que a do rato, pelo que tem menos hipóteses de descobrir as cifras das fechaduras. A ovelha dá à luz apenas um cordeiro por ano e demora um ano até atingir a maturidade, pelo que a probabilidade da ovelha é menor do que a do gato. Recordemos o elefante. O elefante dá à luz uma cria, em vários anos, e esta cria torna-se adulta ao fim de vários anos e depois dá à luz uma cria e durante o período em que o elefante dá à luz uma cria, o rato reproduz centenas de ratos como ele e todas estas crias tentam descobrir a cifra da fechadura em conjunto. O número de ratinhos torna-se cada vez maior e eles mudam a cifra da fechadura rapidamente, ou seja, geram novos genes. É claro que a probabilidade de aparecer um gene desejável entre o número de descendentes é elevada e, possivelmente, um dos ratos tem o gene desejável e é capaz de passar à fase superior. Durante este tempo, o elefante testou apenas uma cifra da fechadura e fê-lo muito lentamente. O número de genes diferentes que é gerado por uma população de ratos num ano precisa de milhares de anos para ser gerado pelos elefantes. Porque as escadas rolantes não diferenciam a descida dos degraus e não se apercebem da enormidade do elefante e puxam-nos para baixo com a mesma velocidade. É evidente que os ratos podem compensar o movimento descendente subindo os degraus, mas o elefante desce e não tem pressa em descobrir a cifra da fechadura e comer os espinafres. Os mamutes estavam no 400º degrau há 2 milhões de anos, mas devido à sua baixa reprodução não conseguiram abrir a fechadura para comer os espinafres e ficarem mais fortes e também não conseguiram subir os degraus, por isso desceram com a escada rolante e agora os seus filhos, que são os elefantes, estão no 200º degrau. Há 200 milhões de anos, os mamíferos primitivos eram muito pequenos e tinham uma grande força de reprodução, conseguiam encontrar as cifras rapidamente e subir os degraus para gerar grandes mamíferos. Aqui há uma coisa interessante, este sistema é automático. Na natureza, existe uma relação inversa entre a grandeza do corpo do animal e o poder da sua reprodução, e todos nós sabemos que, quanto maior é o animal, maior é o período da sua reprodução e da sua maturidade e o número de descendentes, pelo que o número da sua população é menor. Pelo contrário, quanto mais pequeno for o corpo, mais curto é o período de reprodução, pelo que a população destas espécies é elevada. Podemos dizer que, ao diminuir o tamanho do corpo, a velocidade de encontrar a cifra é elevada e, ao aumentar o tamanho do corpo, a velocidade de encontrar a cifra é lenta. Agora, considere novamente a escada rolante, a escada rolante tenta atrair os animais para baixo, em vez disso, quanto mais baixo o animal desce, a velocidade de encontrar a cifra aumenta e o animal sobe mais, ao subir, a velocidade de encontrar a cifra diminui e a escada rolante pode atraí-lo para baixo. O aumento da gravidade atrai os corpos dos animais para tamanhos pequenos, mas quanto mais pequeno for o corpo do animal, mais aumenta a velocidade da sua reprodução, podendo gerar diferentes tipos de genótipos e descobrir o genótipo com um sistema circulatório forte e, ao fazê-lo, consegue vencer mais a gravidade e torna-se maior. Ao aumentar o tamanho do corpo, a velocidade de reprodução diminui novamente e o animal cede à gravidade, e isto repete-se continuamente. Assim, vemos que, seja qual for o funcionamento da escada rolante, ela não é capaz de puxar todos os animais para baixo e, embora a gravidade esteja a aumentar gradualmente durante milhões de anos, os animais aprendem a superá-la e a tornar os seus corpos maiores. Assim, o resultado é o início da próxima classe evoluída, a partir dos animais da pequena classe anterior. Portanto, podemos dizer que agora é se a próxima classe quer ser gerada, os descendentes de que as espécies de hoje. Então, o resultado é que, o início da próxima classe mais evoluída, é sempre a partir dos pequenos animais da classe inicial. Então, podemos dizer que agora, se a próxima classe quiser ser gerada, os descendentes de quais espécies de hoje serão?

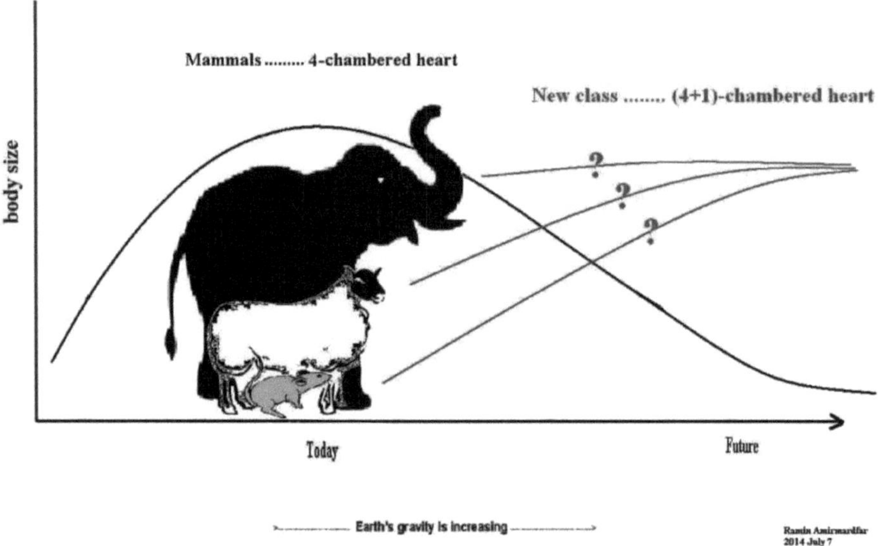

Capítulo 14. Porque é que o tamanho do corpo dos mamíferos é diferente?

Porque é que o tamanho do corpo dos mamíferos é diferente? Anteriormente, sabíamos que existe uma relação direta entre a força do sistema circulatório dos animais e o tamanho dos animais e dos seus corpos. Os animais que têm um sistema circulatório fraco são mais pequenos e os que têm um sistema circulatório completo e forte são maiores do que os outros. Assim, vemos que há mais diferenças no tamanho do corpo dos mamíferos. Os mamíferos, que têm um sistema circulatório completo e forte, devem ter corpos grandes, mas, de facto, não é assim, e vemos corpos pequenos entre eles! Qual é a razão? Sabíamos anteriormente que os animais pequenos, com maior poder de propagação e mais rápidos, se adaptam às mudanças naturais em tempo útil e continuam a sobreviver à sua geração. De facto, para lutarem contra as mudanças da natureza, especialmente o aumento da gravidade, os animais de cada classe devem permanecer suficientemente pequenos para realizarem movimentos desejáveis e produzirem evoluções, com a sua rápida propagação. Caso contrário, se todos os animais pertencentes a uma classe fossem grandes, não seriam capazes de produzir animais desejáveis no tempo adequado, pelo que seriam extintos. Por exemplo, quando existiam os dinossauros, se todos os répteis fossem grandes e não houvesse nenhum pequeno, eles não seriam capazes de evoluir o seu sistema circulatório contra o aumento da gravidade no tempo adequado e produzir mamíferos, e seriam extintos pelo aumento da gravidade. Mas a natureza, pelo uso de métodos adequados, mantém algumas espécies mais pequenas apesar do seu sistema circulatório completo e forte, para que possam ter velocidade de propagação suficiente para produzir genes desejáveis. Mas como é que a natureza faz isto? Como é que se pode impedir o crescimento do corpo do animal que tem um sistema circulatório forte e completo e mantê-lo mais pequeno? Consideremos uma zona montanhosa onde se situam algumas aldeias. Algumas das aldeias estão localizadas no sopé da montanha e outras estão localizadas nas alturas. Um caminho de ferro liga estas aldeias umas às outras e o comboio desloca-se neste caminho de ferro e traz comida para estas aldeias. Nos animais, os habitantes das aldeias são as células do corpo dos animais. Os vasos são como os carris e o coração é como a locomotiva do comboio. Como sabíamos, os insectos não têm vasos sanguíneos, ou seja, não têm caminho de ferro, pelo que o comboio é capaz de ir a aldeias mais distantes e levar-lhes comida para o cérebro, pelo que os habitantes vivem apenas na aldeia que fica perto do coração. Ou seja, o tamanho do corpo do inseto tem de ser pequeno. Nos anfíbios e répteis há caminhos-de-ferro e também comboios, mas a potência da locomotiva do comboio é menor e não consegue puxar o comboio para as partes mais altas, pelo que as aldeias têm de ser dispostas horizontalmente e não devem situar-se em zonas montanhosas e em locais altos. Isto é, o corpo do animal não pode ser colocado verticalmente e tem de se deitar na terra. Nos mamíferos que têm o caminho de ferro e o comboio com um motor potente, as aldeias podem situar-se mesmo no cimo das montanhas e os seus habitantes podem receber alimentos e outras necessidades. Isto é, os mamíferos podem tornar os seus corpos maiores e podem tornar-se tão altos como a girafa. Mas também vemos corpos pequenos entre os mamíferos. Nos seus corpos há um caminho de ferro e um comboio com um motor potente, então porque é que têm corpos pequenos? O caminho de ferro actua como os vasos e a locomotiva do comboio actua como o coração e o coração e o comboio actuam como o sangue. Mas no sangue há glóbulos vermelhos com hemoglobina que transportam o oxigénio. É assim que, nos vagões do comboio, há caixas em que a comida é transportada e, quando o comboio passa por uma das aldeias, algumas dessas caixas são abertas e a comida é dada aos habitantes das aldeias. Depois, o comboio chega à outra aldeia e algumas das caixas são abertas e os alimentos caem na aldeia e os habitantes utilizam-nos. Assim, à medida que o comboio passa pelas aldeias, algumas das caixas são abertas e os habitantes recebem os alimentos de que necessitam. Por fim, quando o comboio chega à última aldeia, as caixas são abertas e o comboio fica vazio, regressa ao sopé da montanha, carrega e repete a operação. No sangue dos animais, os glóbulos vermelhos fazem uma ação semelhante à das caixas do comboio. No momento da partida, ficam cheios de oxigénio e, ao passarem pelos tecidos, esvaziam o seu oxigénio à vez e, quando todos eles se esvaziam de oxigénio, voltam à sua posição inicial e repetem a operação. Mas quando o comboio passa por uma aldeia. Quantas caixas devem ser abertas? O comboio chega à aldeia, todas as caixas são abertas e os alimentos caem lá. O comboio segue para a outra aldeia, mas não há comida para dar aos seus habitantes. No entanto, o comboio continua a subir até às aldeias superiores e a locomotiva tem potência para subir, mas não há comida para dar aos seus habitantes, pelo que o comboio regressa. Assim, os habitantes da aldeia superior morrem por falta do lago da comida, e a aldeia desaparece. Ou seja, o corpo do animal permanece pequeno. Também no corpo dos animais, se todos os glóbulos vermelhos do sangue libertarem o seu oxigénio a uma distância próxima, essa ação ocorrerá e apenas as células e os tecidos que estão perto do coração sobreviverão. Ou seja, o animal tem de permanecer pequeno e não tem de aumentar de tamanho. No corpo de um rato, este acontecimento ocorre e todo o oxigénio separado da hemoglobina que se encontra nos glóbulos vermelhos a curta distância é esvaziado. Noutros animais, que são maiores, o oxigénio liga-se intensamente à hemoglobina e é esvaziado mais longe. Assim, de acordo com o tamanho do corpo dos mamíferos, a força de ligação do oxigénio à hemoglobina torna-se mais forte e pode percorrer uma longa distância no corpo do animal. Mas, que fator controla o grau de ligação do oxigénio à hemoglobina e a sua libertação precoce ou tardia? Os fosfatos orgânicos como o DPG, que existem em combinação com a hemoglobina, controlam esta operação. Quanto maior for a quantidade de DPG combinada com a hemoglobina, menor será a tendência para absorver oxigénio, e vice-versa, quanto menor for a quantidade de DPG combinada com a hemoglobina, maior será a tendência para absorver oxigénio. No sangue de pequenos mamíferos como o rato, existe uma grande quantidade de DPG. Por isso, a tendência da sua hemoglobina para se combinar com o oxigénio é menor. Enquanto no corpo de um elefante, a hemoglobina do sangue tem mais tendência para se combinar com o oxigénio. A pressão de oxigénio à qual a hemoglobina fornece a maior parte do seu oxigénio aos tecidos é de 45 mmHg para um rato, 42 mmHa para uma ratazana, que é maior do que o rato, 38 mmHg para um gato, 35 mmHg para um fax, 30 mmHg para uma ovelha, 25 mmHg para um cavalo e 22,5 mmHg para um elefante, que é maior do que todos. Isto é, no corpo do elefante, as caixas do comboio são abertas gradualmente quando o comboio passa pelas aldeias, e a comida permanece até o comboio chegar à aldeia mais alta e os habitantes dessa aldeia receberem comida. No corpo da ovelha, as caixas são abertas em grande número nas aldeias, e a comida acaba a meio do caminho e os habitantes das aldeias mais altas não recebem comida. No corpo do rato, todas as caixas são abertas na primeira aldeia e o comboio fica vazio muito rapidamente e tem de regressar. Assim, o percurso do comboio é muito curto. Assim, torna-se claro que a natureza pode controlar o tamanho do corpo dos mamíferos através da utilização de fosfatos orgânicos ao lado da hemoglobina e manter alguns deles mais pequenos para uma maior propagação. É claro que uma maior propagação necessita de muita energia. Cada célula do corpo do rato consome muita energia por unidade de tempo, em comparação com as células do elefante. Porque o comboio dentro do corpo do rato esvazia toda a sua comida numa aldeia e é claro que cada residente da aldeia vai receber muita comida e assim terá comida suficiente para ter mais atividade. Mas no corpo do elefante a comida é racionada e apenas um pouco de comida é dada a cada aldeia, para que todas as aldeias possam receber comida. Por esta razão, cada um dos habitantes do corpo do elefante recebe um pouco de comida, pelo que não podem ter mais atividade. Por conseguinte, as células do corpo do elefante têm um metabolismo baixo em comparação com as células do rato. Como resultado, o crescimento e a propagação num rato é muito maior do que num elefante. O coração de um elefante, que tem 3 toneladas de peso, bate 46 pulsos/minuto e o coração de um mamífero que tem 70 kg de peso bate 76 pulsos/minuto. O coração de um gato com 1,8kg bate 240pulso/min e o coração de um mamífero com 100g de peso bate 800pulso/min. No coração de um mamífero que bate 76pulso/min, a contração do ventrículo dura cerca de 0,31s e depois disso, repousa durante 0,49s. Ou seja, o ventrículo trabalha 9,5h em 24h, e descansa por cerca de 14,5h. No coração de um mamífero com pulsação mais rápida, o período de repouso é curto, mas o número de pulsações é maior. Num mamífero cujo coração bate muito depressa, a contração do ventrículo é de 0,024s e o período de repouso é de 0,036s. Assim, o ventrículo trabalha 9,5h por dia e no restante do dia descansa. Como vemos, o período de trabalho e o período de repouso do coração durante um dia, em mamíferos grandes e pequenos, é quase igual. Assim, o resultado é que a força do coração em mamíferos de diferentes tamanhos é quase igual. Quando o corpo se torna maior, a frequência cardíaca torna-se baixa e, em vez disso, a sua força torna-se maior. Quando o corpo se torna mais pequeno, o ritmo do coração torna-se mais rápido, mas a sua força torna-se menor. Mas, eventualmente, toda a energia e potência do coração permanecem fixas. Isso é como a mudança de marcha de um automóvel. Num automóvel, a potência do motor é fixa. Quando o automóvel se move com uma marcha pesada, a velocidade é baixa, mas a potência é alta. Quando se move com uma mudança leve, a velocidade é alta, mas a potência é baixa. Nestes dois casos, a potência do motor não aumenta nem diminui, mas as rodas dentadas e as alavancas transformam a energia em velocidade e força. Também no coração de um mamífero ocorre uma ação semelhante. As capacidades do coração em todos os mamíferos são quase iguais e apenas a taxa de velocidade e força aumenta ou diminui.

Capítulo 15. A quantidade de fosfatos orgânicos (como o DPG) existentes na hemoglobina do sangue é um fator determinante do volume dos mamíferos

Os mamíferos podem ser encontrados em diferentes tamanhos na natureza. A maioria dos cientistas acredita que as circunstâncias ambientais e o tipo de vida dos mamíferos determinam o seu tamanho corporal. Por isso, os cientistas não têm procurado encontrar um fator fisiológico para esta diferença de tamanho entre os mamíferos. Mas a minha investigação sobre o tamanho dos animais e das plantas especificou que existe uma relação direta entre o tamanho dos animais/plantas e o sistema circulatório de sangue/fluidos.

Espécies de mamíferos/pressão de oxigénio no sangue

As moléculas de oxigénio entram no sangue a partir dos pulmões e aderem aos glóbulos vermelhos. Depois de percorrerem uma certa distância, chegam aos tecidos e separam-se dos glóbulos vermelhos, sendo depois utilizadas pelas células. O que faz com que as moléculas de oxigénio se combinem com a hemoglobina e se fixem nos glóbulos vermelhos? O que faz com que as moléculas de oxigénio se separem da hemoglobina nos tecidos? E o mais importante é: o que faz com que as moléculas de oxigénio se separem dos glóbulos vermelhos mais cedo ou mais tarde?

A transferência de oxigénio para o sangue é feita através da circulação. A razão para isso é a espessura ou pressão do oxigénio. A pressão do oxigénio nos pulmões é superior à dos capilares pulmonares. Assim, o oxigénio entra no sangue a partir dos pulmões. Estas moléculas de oxigénio misturam-se com a hemoglobina nos glóbulos vermelhos, deslocam-se depois para o coração e, em seguida, para os tecidos. Quando estas moléculas chegam perto dos tecidos, separam-se dos glóbulos vermelhos devido à baixa pressão do oxigénio. Mas esta separação é diferente entre as espécies de mamíferos. A maior parte das moléculas de oxigénio separa-se da hemoglobina dos glóbulos vermelhos no corpo do rato a 45 mmHg. Mas isto acontece em 22,5 mmHg no corpo do elefante.

O fosfato orgânico/ a combinação do oxigénio com a hemoglobina

Isto significa que as moléculas de oxigénio se combinam com a hemoglobina de forma muito fraca no corpo do rato. Ao afastar-se um pouco dos pulmões, a espessura do oxigénio diminui, separando-se da hemoglobina e impedindo que os glóbulos vermelhos se desloquem por longas distâncias. Mas no corpo do elefante a aderência é mais forte; a pressão do oxigénio diminui ao afastar-se dos pulmões. Mas a maior parte das moléculas de oxigénio continua a aderir à hemoglobina e a deslocar-se para os tecidos mais distantes. Por outro lado, os tecidos do rato não podem estar longe dos pulmões e do coração porque o oxigénio não se pode deslocar a grande distância, mas é diferente no corpo da baleia e do elefante porque eles têm a certeza de que todos os seus tecidos receberão oxigénio. Agora temos uma pergunta: porque é que existe esta diferença de aderência entre os mamíferos? Simplificando, porque é que a combinação das moléculas de oxigénio com a hemoglobina é mais forte no sangue do elefante do que no do rato?

A resposta a esta pergunta está relacionada com o fosfato orgânico (DPG) que existe no sangue dos mamíferos. Quanto mais fosfato orgânico, menor é a aderência entre o oxigénio e a hemoglobina, como a hemoglobina do rato. Pelo contrário, quanto menos fosfato orgânico, maior o poder de aderência, como no corpo do elefante. [8]

Simplesmente, os fosfatos orgânicos tornam a aderência entre as moléculas de oxigénio e a hemoglobina mais fraca, pelo que existe uma relação inversa entre a quantidade de fosfato orgânico e o poder de aderência. Quanto menor for a quantidade de fosfatos orgânicos, maior será o tamanho dos mamíferos.

Mouse	45.0 mmHg
Rat	42.0 mmHg
Cat	38.0 mmHg
Fox	35.0 mmHg
Sheep	30.0 mmHg
Horse	25.0 mmHg
Elephant	22.5 mmHg

Fig.1 As espécies de mamíferos e a pressão de oxigénio em que a hemoglobina dos glóbulos vermelhos envia a maior parte do seu oxigénio para os tecidos. No corpo do elefante, que tem uma maior aderência, a pressão do oxigénio diminui ao afastar-se dos pulmões. Mas a maioria das moléculas de oxigénio continua a aderir à hemoglobina e a deslocar-se para os tecidos mais distantes. Mas os tecidos do rato não podem estar longe dos pulmões e do coração porque o oxigénio não pode deslocar-se a grande distância.

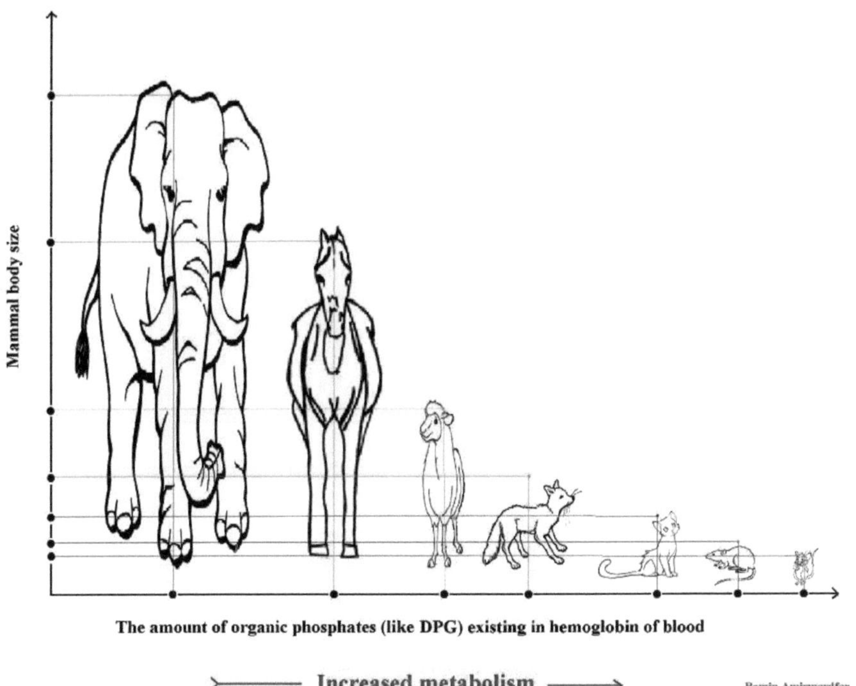

Fig.2 O eixo "Y" representa o tamanho do corpo dos mamíferos. O eixo "X" representa a quantidade

de fosfatos orgânicos (como o DPG) existentes no sangue. Os fosfatos orgânicos enfraquecem a aderência entre as moléculas de oxigénio e a hemoglobina, pelo que existe uma relação inversa entre a quantidade de fosfatos orgânicos e o poder de aderência. Quanto menor a quantidade de fosfatos orgânicos, maior o tamanho dos mamíferos.

Conclusões

O fator fisiológico que controla o volume dos mamíferos é a quantidade de fosfatos orgânicos, como o (DPG), existente nos glóbulos vermelhos dos mamíferos. Os fosfatos orgânicos enfraquecem a aderência entre as moléculas de oxigénio e a hemoglobina, pelo que existe uma relação inversa entre a quantidade de fosfato orgânico e o poder de aderência. Quanto menor a quantidade de fosfatos orgânicos, maior o tamanho dos mamíferos. (Fig. 2)

Aplicação científica desta ciência

Podemos utilizar esta ciência em ciências aplicadas (como a criação e o maneio de animais domésticos) e maximizar ou miniaturizar o tamanho do corpo (volume) dos animais domésticos devido às necessidades dos criadores. É claro que o Homem já fez este trabalho inconscientemente nos cães domésticos. O homem criou cães de diferentes tamanhos artificialmente, sem qualquer consciência do mecanismo desta ação. (Figs. 3a, 3b) (Figs. 4a, 4b)

Com a ajuda desta ciência, seremos capazes de criar animais domésticos no tamanho desejado, de forma consciente e aberta. (Figs. 5a, 5b) (Figs. 6a, 6b)

(a)

(b)

Fig. 3 A quantidade de DPG no sangue é baixa, portanto o cão é grande; (a) A quantidade de DPG no sangue é alta, portanto o cão é pequeno; (b)

(a) (b)

Fig. 4 A quantidade de DPG no sangue é baixa, pelo que o cavalo é grande; (a) A quantidade de DPG no sangue é alta, pelo que o cavalo é pequeno; (b)

(a) (b)

Fig. 5 A quantidade de DPG no sangue dos ovinos é elevada, pelo que os ovinos são pequenos; (a) Se a quantidade de DPG diminuir no sangue dos ovinos, estes serão maiores; (b)

(a) (b)

Fig. 6 A quantidade de DPG no sangue da vaca é baixa, logo a vaca é grande; (a) Se a quantidade de DPG aumentar no sangue da vaca, logo a vaca será mais pequena; (b)

Proponho aqui uma solução para as duas questões anteriores.

Recorro a uma analogia. Consideremos uma aldeia com os seus habitantes. Há uma horta de maçãs perto dela. Uma pessoa deve alimentar os habitantes a partir dessa horta. Essa pessoa tem apenas um tabuleiro, apanha as maçãs e coloca-as no tabuleiro, e depois vai para a aldeia. No caminho, algumas maçãs escorregam do tabuleiro. Como a aldeia está perto, ele pode levar algumas delas para a aldeia. Mas se a aldeia fosse longe, todas as maçãs escorregariam do tabuleiro e os habitantes morreriam sem maçãs. Por isso, esta pessoa deve encontrar uma forma de transportar as maçãs por uma longa distância. Comparamos este exemplo com o corpo dos mamíferos.

As aldeias são como os tecidos do corpo, os habitantes são as células, o jardim são os pulmões, as maçãs são as moléculas de oxigénio e o caminho é o vaso sanguíneo. Aquela pessoa é o sangue e o tabuleiro são os glóbulos vermelhos. Aqui, o que faz com que as moléculas de oxigénio se fixem nos glóbulos vermelhos é o nosso ponto. Agora estudamos como as moléculas de oxigénio se fixam nos glóbulos vermelhos. Nos glóbulos vermelhos existe hemoglobina. As moléculas de oxigénio juntam-se à hemoglobina e isso faz com que as moléculas de oxigénio se colem aos glóbulos vermelhos. Com algumas considerações, verificamos que as moléculas de oxigénio não aderem aos glóbulos vermelhos com uma força semelhante no corpo de todos os mamíferos. Esta aderência é muito mais forte nalgumas espécies e mais fraca noutras. Esta aderência está relacionada com o tamanho do mamífero. Quanto maior for esta viscosidade, mais as moléculas de oxigénio podem ser transportadas no sangue. Isto faz com que o corpo seja maior. Pelo contrário, se a viscosidade for mais fraca, as moléculas de oxigénio deslocam-se menos no sangue e, por isso, o corpo tem de ser pequeno.

Observe as seguintes informações:

A espécie de mamífero e a pressão de oxigénio em que a hemoglobina do glóbulo vermelho envia a maior parte do seu oxigénio para os tecidos.

Rato 45mmHg

Rato 42mmHg

Cat .... 38 mmHg

Fox	35mmHg
Ovinos	30 mmHg
Homem	28 mmHg
Cavalo	25 mmHg
Elefante	22,5 mmHg

As moléculas de oxigénio entram no sangue a partir dos pulmões e aderem aos glóbulos vermelhos. Depois de percorrerem uma certa distância, chegam aos tecidos e separam-se dos glóbulos vermelhos, sendo depois utilizadas pelas células. O que faz com que as moléculas de oxigénio se misturem com a hemoglobina e se fixem nos glóbulos vermelhos? O que faz com que as moléculas de oxigénio se separem da hemoglobina nos tecidos? E o mais importante é: o que faz com que as moléculas de oxigénio se separem dos glóbulos vermelhos mais cedo ou mais tarde?

A transferência de oxigénio para o sangue é feita através da circulação. A razão para isso é a espessura ou pressão do oxigénio. A pressão do oxigénio nos pulmões é superior à dos capilares pulmonares. Assim, o oxigénio entra no sangue a partir dos pulmões. Estas moléculas de oxigénio misturam-se com a hemoglobina nos glóbulos vermelhos, deslocam-se depois para o coração e, em seguida, para os tecidos. Quando estas moléculas chegam perto dos tecidos, separam-se dos glóbulos vermelhos devido à baixa pressão do oxigénio. Mas esta separação é diferente consoante as espécies de mamíferos. Como se pode ver na tabela acima, a maioria das moléculas de oxigénio separa-se da hemoglobina dos glóbulos vermelhos no corpo do rato a 45 mmHg. Mas isto acontece em 22,5 mmHg no corpo do elefante. Isto significa que as moléculas de oxigénio se misturam com a hemoglobina de forma muito fraca no corpo do rato. Ao afastar-se um pouco dos pulmões, a espessura do oxigénio torna-se mais fraca e, por isso, separa-se da hemoglobina, o que impede os glóbulos vermelhos de se deslocarem por distâncias maiores.

Mas no corpo do elefante a aderência é mais forte; a pressão do oxigénio diminui à medida que se afasta dos pulmões. Mas a maioria das moléculas de oxigénio continua a aderir à hemoglobina e a deslocar-se para os tecidos mais distantes. Por outro lado, os tecidos do rato não podem estar longe dos pulmões e do coração, porque o oxigénio pode deslocar-se a grande distância, mas é diferente no corpo da baleia e do elefante, porque estes têm a certeza de que todos os seus tecidos receberão oxigénio. Agora temos uma pergunta: porque é que existe esta diferença de viscosidade entre os mamíferos? Simplificando, porque é que a mistura das moléculas de oxigénio com a hemoglobina é mais forte no sangue do elefante do que no do rato?

A resposta a esta pergunta está relacionada com o fosfato orgânico (DPG) que existe no sangue dos mamíferos. Quanto mais fosfato orgânico, menor é a aderência entre o oxigénio e a hemoglobina, como a hemoglobina do rato. Pelo contrário, quanto menos fosfato orgânico, maior o poder de aderência, como no corpo do elefante.

Simplesmente, os fosfatos orgânicos tornam a aderência entre as moléculas de oxigénio e a hemoglobina mais fraca, pelo que existe uma relação inversa entre a quantidade de fosfato orgânico e o poder de aderência. Quanto menor a quantidade de fosfatos orgânicos, maior o tamanho dos mamíferos.

Comparison of the cars with animals

Car	Animals
Size	Body size
Engine power	Heart power
The number of engine cylinders	The number of heart chambered
Movement speed	Metabolic rate
Reducer gears	Blood's organic phosphates (DPG)
Efficiency range	Living range

Ramin Amirmardfar

15 January 2015

"Reductions speed-increase size" by using gear on the 4-cylinder car

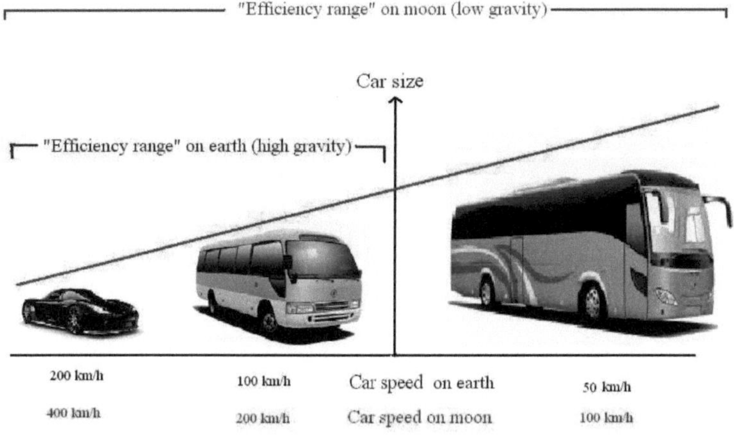

Ramin Amirmardfar

15 January 2015

Porque é que os cientistas da des-extinção nunca conseguiram fazer reviver os mamutes?

As pessoas, que aceitam a teoria da colisão de um grande meteorito com a Terra e outras teorias extintas, pensam que, revelando os genes existentes nos ovos deixados pelos dinossauros, podem reconstruí-los, ou usando os espermatozóides de mamutes congelados, podem reconstruí-los. Pensam que o fator de declínio está terminado e que podem formar novos animais gigantes. Estes cientistas desconhecem a Terra, onde põem os pés, e não sabem até que ponto a gravidade da Terra é como a gravidade atual, é impossível reviver tais animais gigantes.

"Reductions metabolism rate-increase body size" by using blood organic phosphates (DPG)

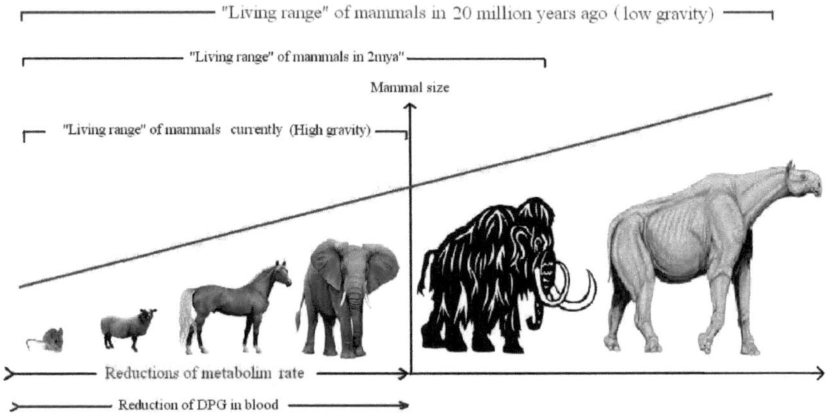

Ramin Amirmardfar

15 January 2015

Este gráfico mostra que os mamíferos não podem ser maiores do que o tamanho de um elefante atualmente. Reduzir a taxa de metabolismo aumenta o tamanho do corpo. A taxa metabólica mais baixa para a sobrevivência de um mamífero, é uma certa quantidade e um mamífero morrerá abaixo dessa quantidade. A taxa metabólica é a do elefante. De acordo com este gráfico, um mamífero do tamanho de um mamute terá uma taxa metabólica abaixo do limite da vida, atualmente.

Capítulo 16. O novo coração dos vertebrados no futuro

Compreendemos que a gravidade tem vindo a aumentar desde o passado e que os animais, para melhor ultrapassarem esta gravidade elevada, foram obrigados a construir corações mais fortes: corações com uma câmara, duas câmaras, três câmaras e, finalmente, quatro câmaras. Como sabemos, os maiores animais e os mais bem sucedidos atualmente são os que têm corações de 4 câmaras (por exemplo, mamíferos e aves). Percebemos também que o aumento da gravidade está agora a continuar. É evidente que também o coração de 4 câmaras, num futuro próximo, perderá o seu poder de vencer a gravidade e os animais terão de construir corações mais fortes. Esta é a questão: Os animais estão a pensar em construir corações mais fortes? Já tomaram medidas para o efeito? Que método utilizarão para reforçar o seu sistema de circulação sanguínea?

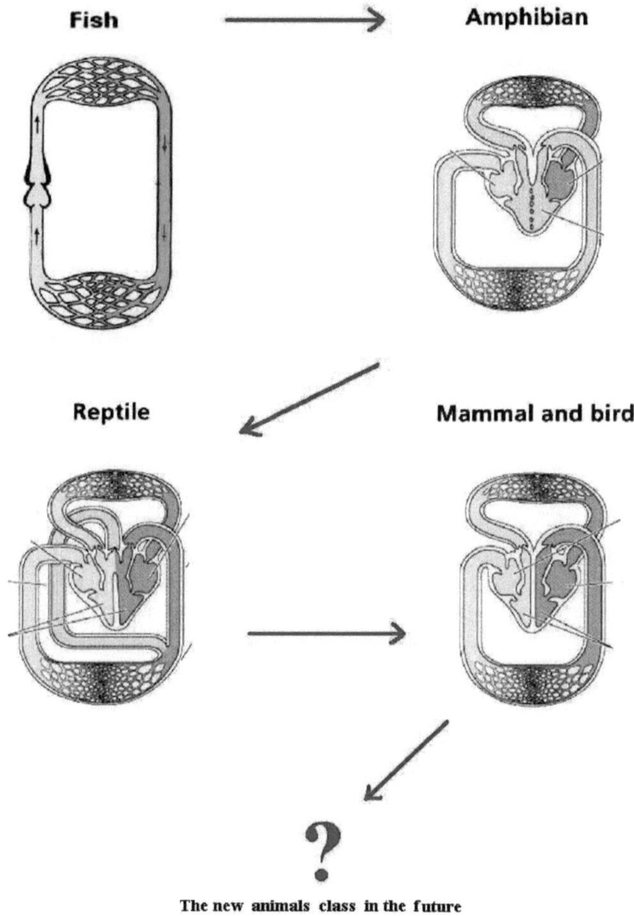

Considere-se uma pessoa que tenha permanecido imóvel num local durante algum tempo. Se continuar o seu movimento menos de pé, por não receber sangue suficiente no cérebro, desmaiará e cairá. Porque é que isto acontece? Porque é que uma pessoa desmaia quando fica imóvel num lugar? Porque é que isto não acontece quando anda e o seu cérebro recebe sangue suficiente? Em ambos os casos, a gravidade afecta da mesma forma, o coração tem a mesma potência, mas no primeiro caso o cérebro recebe sangue suficiente e no segundo não. Porquê? Porque no segundo caso (andar) alguns pequenos corações noutras partes do corpo ajudam o sistema de circulação sanguínea e fornecem sangue suficiente ao cérebro, mas no primeiro caso (ficar parado) esses pequenos corações não funcionam, pelo que o cérebro não recebe sangue suficiente.

Onde é que estes pequenos corações se localizam no corpo? E como é que eles funcionam? Estes corações são partes de uma veia que estão rodeadas por duas válvulas venosas. Quando uma pessoa está parada, estes corações não funcionam, mas quando começa a andar, o músculo do pé aperta estas veias e faz com que o sangue saia para o exterior. Como existem algumas válvulas no interior destas veias que impedem o sangue de correr para baixo, o sangue corre sempre para cima. Em cada contração e expansão do músculo do pé, esta parte da veia do pé expande-se e contrai-se como um pequeno coração e transporta o sangue para cima. Por conseguinte, é evidente que o coração desta pessoa não consegue fazer circular o sangue por si só e não é capaz de vencer a gravidade e enviar sangue suficiente para o cérebro. Se estes pequenos corações não ajudarem o coração principal, a pessoa desmaia e cai mesmo quando está a andar, o que pode acontecer várias vezes por dia. A única falha destes pequenos corações é que só funcionam quando o animal está a andar, porque recebem a sua energia dos músculos das mãos ou dos pés e não são capazes de se expandir e contrair sozinhos.

Não seria melhor que estes pequenos corações tivessem músculos independentes e pudessem contrair-se sem a ajuda dos músculos das mãos e dos pés? Neste caso, mesmo em estado imóvel, o cérebro poderia receber sangue suficiente e o animal não desmaiaria. Se considerarmos outras classes de animais, como os moluscos, descobriremos que no corpo de alguns destes animais existem pequenos corações independentes que ajudam o sistema de circulação sanguínea. Os polvos têm um coração auxiliar à frente das guelras que ajuda efetivamente o coração principal no sistema de circulação sanguínea. Assim, é evidente que a natureza já utilizou corações auxiliares. A natureza também forneceu os requisitos para a construção de corações auxiliares no corpo dos mamíferos. Apenas um pequeno músculo é necessário para que um pequeno coração funcione. Assim, vemos que os animais estão a pensar em corações mais fortes para si próprios e, no futuro, haverá animais que, para além do seu coração principal, terão corações auxiliares nas patas que ajudarão eficazmente o sistema de circulação sanguínea.

O aumento da gravidade fará com que o volume dos animais seja mais pequeno do que antes e aqueles que não forem capazes de enfrentar a gravidade, terão de rastejar. Os elefantes, os rinocerontes e as enormes girafas deixarão de existir, ou serão extintos ou ficarão com volumes mais pequenos (atualmente existem elefantes com volumes mais pequenos em África).

Alguns mamíferos costeiros (como as focas e as morsas) deixarão de poder vir para a costa e tornar-se-ão animais marinhos (como a baleia, o manatim e os golfinhos). Os mamíferos do futuro não terão a capacidade de se manterem erectos e terão de rastejar (tal como a classe dos répteis, que foi forçada a fazê-lo há muito tempo). As aves grandes (como os abutres) não poderão voar e viverão no chão (como a avestruz, que já foi obrigada a fazê-lo). As aves pequenas também dificilmente voarão.

Mas alguns animais fora dos Mamíferos atingirão esses corações auxiliares. Estes animais ultrapassarão a gravidade e aumentarão o seu volume e ficarão erectos. Fornecerão sangue às suas altitudes elevadas com a ajuda do seu poderoso sistema de circulação sanguínea e erguerão a cabeça, sem terem de rastejar.

Como consequência, surge a pergunta final: entre os mamíferos, quais são as espécies que têm mais hipóteses de atingir um sistema de circulação sanguínea potente? Após a evolução do seu sistema de circulação sanguínea, continuarão a ser mamíferos? Ou fundarão uma nova classe de animais? Que outras características terão?

Capítulo 17. Novo e mais eficiente sistema respiratório nos futuros vertebrados.

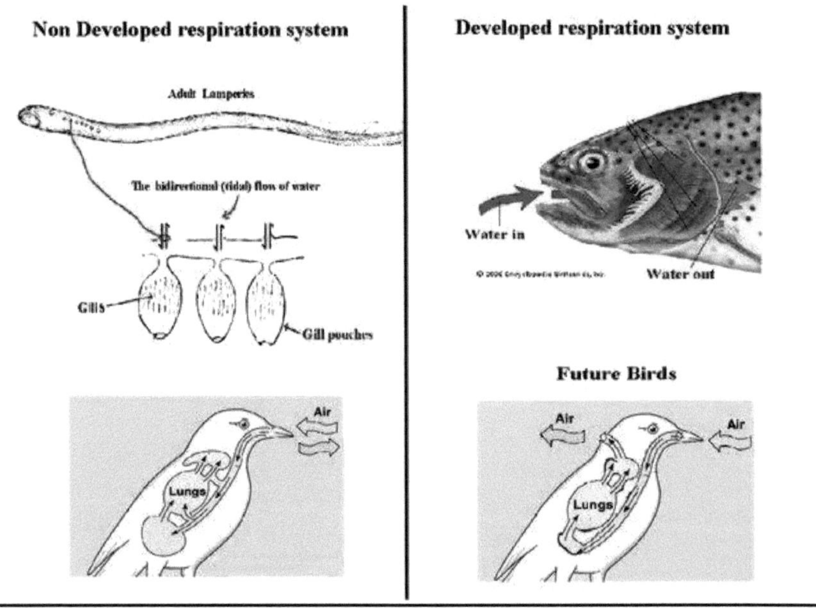

Ramin Amirmardfar
2013

Capítulo 18. O Ritmo da Evolução e a sua Relação com a Deriva Continental e a Expansão da Terra

Comecemos o assunto com uma pergunta: Qual é a sua opinião sobre a razão pela qual os povos nativos dos continentes da América e da Austrália viviam em sociedades primitivas antes da chegada dos povos civilizados de outros continentes? Porque é que os povos civilizados ainda não tinham aparecido nestes dois continentes?

O desenvolvimento dos seres humanos está dependente do desenvolvimento da ciência e o desenvolvimento da ciência está dependente dos cientistas da sociedade. A ocorrência de cientistas em cada sociedade é acidental e segue regras estatísticas.

Os cientistas deixam as suas invenções e descobertas aos cientistas que vêm mais tarde, e a geração mais recente utiliza esta informação para encontrar ou inventar novas coisas. Assim, a ciência está a desenvolver-se na sociedade e está a progredir. O ritmo de evolução da ciência em cada sociedade está relacionado com duas coisas:

1) A percentagem de cientistas existentes na sociedade;

2) A taxa de ligação entre cientistas.

A possibilidade de aparecimento de cientistas em cada sociedade tem uma relação direta com a quantidade de população da sociedade. Isto significa que, quanto mais populosa é a sociedade, mais cientistas existem nessa sociedade. É por isso que o maior desenvolvimento se deu em continentes grandes e populosos como a Ásia, a Europa e a África.

Se um cientista não tiver acesso à informação dos cientistas que o precederam, terá de descobrir ou inventar toda a informação de forma autónoma desde o início. Neste caso, não terá tempo suficiente para descobrir ou inventar novas matérias e o seu trabalho conduz a uma quebra significativa do ritmo da evolução científica nessa sociedade. Ao olharmos para os diferentes continentes da Terra, podemos observar facilmente que:

Continentes como a Ásia-Europa-África, que estiveram ligados entre si, tiveram um desenvolvimento científico e um ritmo de evolução mais rápido devido à ligação mútua dos seus cientistas e à troca de informações. Pelo contrário, continentes como a Austrália e a América (antes de serem explorados), que estavam isolados e sem ligações, não tiveram um desenvolvimento científico notável e, além disso, o seu ritmo de evolução foi mais lento e a sua população vivia de forma primitiva. As regiões do norte de África, que estavam ligadas aos continentes asiático e europeu, eram mais desenvolvidas do que as regiões do sul, que estavam mais afastadas e sem ligação.

Também agora, se cortarmos toda a ligação do continente australiano com outras terras do mundo, ao fim de pouco tempo, seremos testemunhas de um atraso científico desse continente em relação a outros continentes, porque a população da Austrália é menor do que a população do resto do mundo. É por isso que a percentagem de aparecimento de cientistas será menor na Austrália e, consequentemente, o desenvolvimento da ciência na Austrália será menor do que a média mundial. Se não houvesse nenhuma rota marítima ou terrestre entre a Ásia e a Europa, a ciência de fazer a bússola, o papel, a impressão, as notas de banco e a pólvora não teria chegado à Europa a partir da Ásia, e a Europa não se teria desenvolvido até ao ponto atual. E, pelo contrário, se as novas ciências não tivessem chegado à Ásia a partir da Europa, a Ásia estaria atualmente em grande atraso.

Penso que este exemplo - uma analogia - torna claro para nós que no ritmo de evolução das sociedades, esteve envolvida a taxa de ligação entre elas e a quantidade de população. Utilizamos este exemplo como analogia para o ritmo de evolução dos animais terrestres. O aparecimento de um genótipo próprio para o desenvolvimento e evolução dos animais terrestres - tal como o aparecimento dos cientistas - é uma questão inteiramente acidental e segue as regras de probabilidades aplicadas à população de animais terrestres. Quanto maior a população, maior a percentagem de aparecimento de animais terrestres com os genótipos desejados. E quanto maior for a ligação das várias regiões entre si, maior será a difusão dos genótipos desejados.

O local de vida dos animais terrestres é na superfície dos continentes da Terra, pelo que, se os continentes são maiores e as suas formas são mais circulares, o ritmo de evolução dos animais terrestres desse continente será mais rápido; de facto, o ritmo de evolução dos animais terrestres da Ásia, Europa e África é muito mais rápido do que o dos americanos e australianos. Se os continentes não se tivessem separado uns dos outros, permanecendo uma ligação constante entre eles, o ritmo de evolução teria sido maior e agora estaríamos a assistir a uma série de novas classes.

Aqui, menciono o seu exemplo adequado. Os mamíferos modernos (mamíferos placentários) no seu percurso evolutivo passaram pelos monotremados e pelos marsupiais. Na Ásia e na Europa, os marsupiais já existiam em épocas anteriores. Mas mais tarde, os mamíferos modernos evoluíram a partir deles. Como esses continentes são grandes e tiveram intensas relações mútuas, o ritmo de evolução dos animais nesses continentes foi mais rápido e pode ter produzido os mamíferos modernos. Mas o continente australiano teve um ritmo de evolução mais lento devido à sua pequena superfície e à falta de ligação com outros lugares, o que fez com que os mamíferos ali estivessem em estágios primitivos e permanecessem marsupiais. Se os mamíferos modernos não tivessem entrado na Austrália vindos de outros continentes, para o aparecimento dos mamíferos modernos poderiam ser necessários milhões de anos devido ao seu ritmo de evolução muito lento.

Com estas interpretações, penso que é claro o que quero dizer para si. Quero dizer que o ritmo da evolução pode ser uma boa evidência para a teoria da Terra em expansão. De acordo com a teoria da Terra em expansão, todos os continentes eram contíguos no passado e estavam ligados uns aos outros por todos os lados. Neste tipo de super continente, a fauna terrestre deveria ter tido um ritmo de evolução muito elevado.

Aparecimento dos primeiros vertebrados (primeiros anfíbios) em terra	370 milhões de anos atrás	
O primeiro aparecimento de répteis a partir de anfíbios	Há 350 milhões de anos	150 milhões de anos para a evolução dos répteis a partir dos anfíbios
O primeiro aparecimento de mamíferos e aves a partir de répteis	220 e 150 milhões de anos atrás	150 milhões de anos para a evolução dos mamíferos a partir dos répteis
O primeiro aparecimento de uma nova classe de mamíferos ou aves	No futuro	O tempo decorrido para a evolução de uma nova classe a partir de mamíferos ou aves é superior a 220 milhões

Tempo decorrido para a evolução de uma nova classe de mamíferos. Nos últimos 220 milhões de anos não houve nenhuma nova classe de mamíferos. Nos últimos 220 milhões de anos, a evolução dos animais terrestres diminuiu muito rapidamente. Isto mostra que a taxa de evolução dos animais terrestres tem sido mais lenta ao longo do tempo. A causa deste declínio é a deriva continental. Se a deriva continental não aconteceu e todos os continentes permaneceram colados uns aos outros, não reduziu a taxa de evolução dos animais, e agora havia várias classes novas, depois dos mamíferos.

Capítulo 19. Como é que a gravidade pode aumentar?

À primeira vista, o aumento da gravidade pode parecer um pouco estranho, mas se tivermos algum cuidado, compreendemos que não é tão impossível como parece. A Terra pode aumentar a sua gravidade por vários métodos. De facto, a Terra pode aumentar a sua gravidade através de quatro métodos.

Um dos métodos, pelos quais a Terra pode aumentar a sua gravitação, é diminuir a velocidade da sua rotação. Sabemos que a Terra gira em torno de si mesma uma vez por dia, e pelo efeito desta rotação é exercida uma força centrífuga sobre os seus habitantes. Quanto maior for a velocidade de rotação, maior será o aumento da força centrífuga. E porque esta força é contra a direção da tração da Terra, quando se calcula a gravidade da superfície da Terra, o seu valor é deduzido da tração da Terra, e o restante indica a gravidade na superfície da Terra. Assim, quanto maior for a força centrífuga, menor é o peso dos seus habitantes, e quanto menor for esta força, maior é o peso dos seus habitantes. Se aceitarmos que a gravidade aumentou do passado para o presente, devemos observar a dedução da força centrífuga do passado para o presente. Ou seja, devemos aceitar que no passado a Terra girava mais rápido em torno de si mesma, e agora gira lentamente. Será que tal ato foi realmente praticado no passado? Os cientistas acreditam que, devido ao afrouxamento da energia da Terra com o efeito do atrito, a rotação da Terra em torno de si mesma torna-se mais lenta na altura das marés. Ou seja, no passado, a Terra girava mais depressa em torno de si própria, mas com o passar do tempo a sua rotação tornou-se mais lenta. Assim, vemos que tal ação ocorre na realidade, e podemos aceitar o aumento da gravidade com um elevado grau de segurança.

Outra forma pela qual a Terra pode aumentar a sua gravidade é aumentar a sua massa. A Terra é capaz de aumentar a sua massa por dois métodos: um método é receber massa do exterior da Terra, e o outro é que essa massa lhe é adicionada no interior da Terra. No primeiro método, em que a massa tem de ser adicionada do exterior, podemos ver o meteorito, cuja quantidade anual é de 5 milhões de toneladas. Isto significa que esta quantidade de material é adicionada à massa da Terra todos os anos. O Sol também distribui uma parte da sua massa, sob a forma de partículas, para o espaço à sua volta, e 2,1 kg desta quantidade são adicionados à Terra por segundo. Além disso, a Terra recebe 14 toneladas de poeira cósmica do espaço circundante. Assim, vemos que, de facto, a Terra recebe massa do espaço que a rodeia.

Mas o que acontece com o aumento da massa da Terra no seu interior? Suponhamos que estamos a bombear uma bola com uma bomba. De facto, aumentamos o ar no interior da bola. Porque a concha da bola tem um certo volume, mas se a quisermos bombear muito, o ar adicional sairá pelo seu orifício ou será rasgado e o ar sairá. A terra tem um determinado volume, tal como a bola, e se a massa no seu interior aumentar, os materiais adicionais sairão por um buraco ou fenda do interior da terra. Será que esta ação ocorre na realidade? Conhecemos a saída de materiais fundidos do interior da Terra para a sua superfície. Esses materiais saem ou pelos vulcões, que são como buracos na casca da Terra, ou pelas longas fendas, que estão sob os oceanos. Assim, de facto, observamos o aumento da massa da Terra. Por isso, podemos aceitar o aumento da gravidade com um elevado grau de segurança.

O terceiro método para o aumento da gravidade está relacionado com a seguinte lei:

"A massa de um material aumenta por efeito do movimento."

É claro que esta lei está relacionada com as altas velocidades? A Terra pode ter altas velocidades? Sabemos que existem muitas galáxias no mundo, e a teoria do "universo em expansão" diz que essas galáxias se afastam umas das outras, a cada momento. A velocidade do seu afastamento depende da sua distância. Ou seja, quanto mais distantes duas galáxias estiverem uma da outra, maior será a velocidade de afastamento. Se a distância entre duas galáxias for muito grande, essas duas galáxias afastar-se-ão a uma velocidade muito elevada. Se considerarmos dois objectos nestas duas galáxias distantes, eles estarão a mover-se a uma velocidade muito elevada um em relação ao outro. Agora, suponhamos que uma destas galáxias é a nossa Via Láctea e a outra é outra galáxia que está muito distante da Via Láctea. Suponhamos também que um desses dois objectos que se encontram nas galáxias é a nossa Terra, que se encontra na Via Láctea, e que o outro objeto é uma outra esfera na outra galáxia. Neste caso, a Terra tem uma velocidade muito elevada em relação a esta esfera, e a Terra está a mover-se a uma velocidade muito elevada em relação a essa esfera.

Assim, vemos que existem numerosos objectos no mundo à nossa volta, que a Terra está a mover-se a uma velocidade muito elevada em relação a eles. Assim, de acordo com a lei do aumento da massa, devido ao movimento a grande velocidade, a massa da Terra pode aumentar a cada momento. E como resultado, a sua gravidade pode aumentar. O quarto método, pelo qual a gravidade das orelhas pode ser aumentada, é a diminuição do raio da Terra com massa fixa. Ou seja, a terra deve ser mais densa. Neste caso, a Terra, tal como outras estrelas, deve ser mais comprimida e mais pequena.

Assim, ao aproximar a superfície da Terra do seu centro, a gravidade na superfície será maior. Mas, na verdade, as evidências não mostram tal ação, e a Terra não usa este método para aumentar a sua gravidade.

Assim, verificamos que, à primeira vista, o aumento da gravidade da Terra parece algo estranho, mas de facto é possível, e esta ação ocorre na realidade, e a Terra aumenta a sua gravidade, gradualmente, com o passar do tempo, e podemos compreender o aumento da gravidade pelos seus efeitos no tamanho do corpo dos animais.

Capítulo 20. As pistas para uma gravidade crescente

Estar de acordo com a Terra em expansão implica estar de acordo com uma massa crescente da Terra. Ou seja, a geração de elementos a partir de partículas elementares e de energia que chegam à Terra vindas do seu espaço exterior.

Escrevi uma regra chamada regra de classificação para a evolução da massa na Terra, que se encontra representada no diagrama seguinte. De acordo com esta regra, a geração de substância na Terra, a partir de partículas elementares e energia, é facilmente aceitável. É como aceitar facilmente que uma molécula de água surge por síntese de hidrogénio e oxigénio. Aceitando a regra, podemos aceitar que a substância está a ser gerada na Terra, causando o aumento da gravidade e a expansão da Terra. O local de geração de matéria na Terra é a sua parte central, o que provoca um fluxo de magma em direção à superfície da Terra. Em tempos diferentes - dependendo das condições do interior da Terra - surgem diferentes elementos (ferro, cobre, etc.)

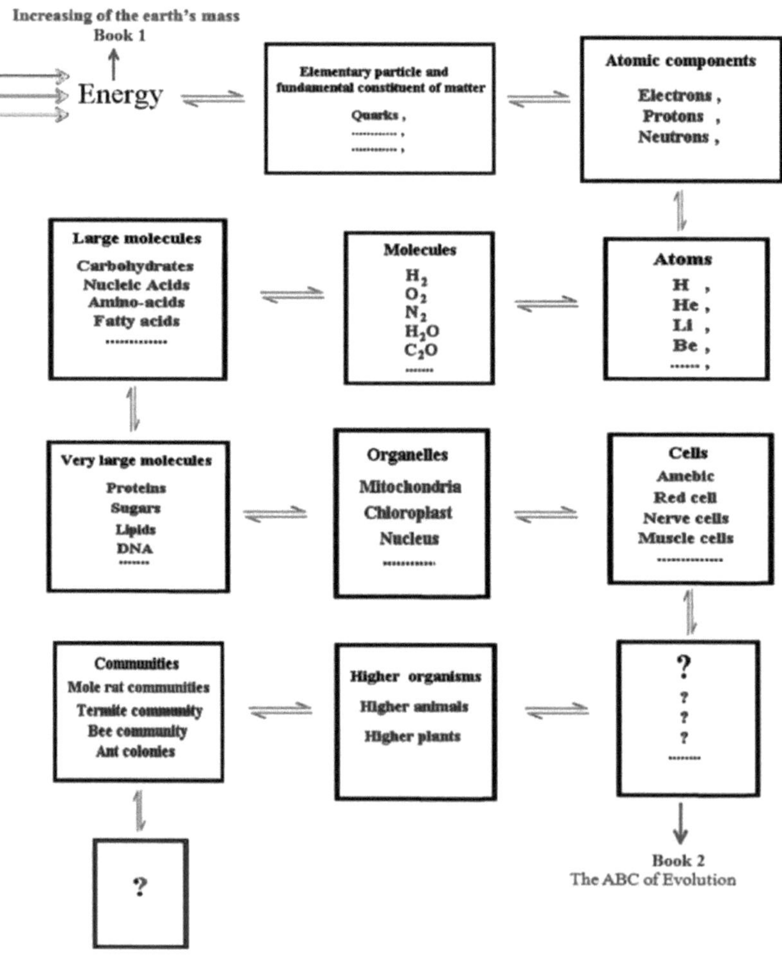

A regra de classificação para a evolução da massa na Terra. Esta figura mostra a evolução da massa, etapa por etapa, desde a mais pequena partícula até às comunidades animais. Cada etapa (fase) surge através da montagem de partes da etapa anterior. O tempo de ocorrência de cada etapa é posterior à etapa anterior. Por exemplo, as proteínas só podem surgir se os aminoácidos já existirem antes. Existem duas etapas desconhecidas no diagrama - indicadas por pontos de interrogação. Uma delas é a última etapa que ainda não foi criada e que ocorrerá no futuro. Mas uma dessas etapas desconhecidas situa-se entre as células e os animais/plantas superiores. Esta é a etapa de que me apercebi pela primeira vez e sobre a qual os cientistas não têm qualquer informação. Mencionei muitas evidências da existência desta etapa no meu segundo livro (Mardfar, 2001).

Através desta regra e deste diagrama, pude descobrir uma das cadeias perdidas do percurso de evolução da substância na Terra: a cadeia que se situa entre a célula e os animais/plantas superiores. Trata-se de uma cadeia em que ninguém pensou antes e de cuja existência nunca se suspeitou. Esta cadeia é o tema do meu segundo livro (Mardfar 2001; O ABC da evolução dos animais/plantas superiores)

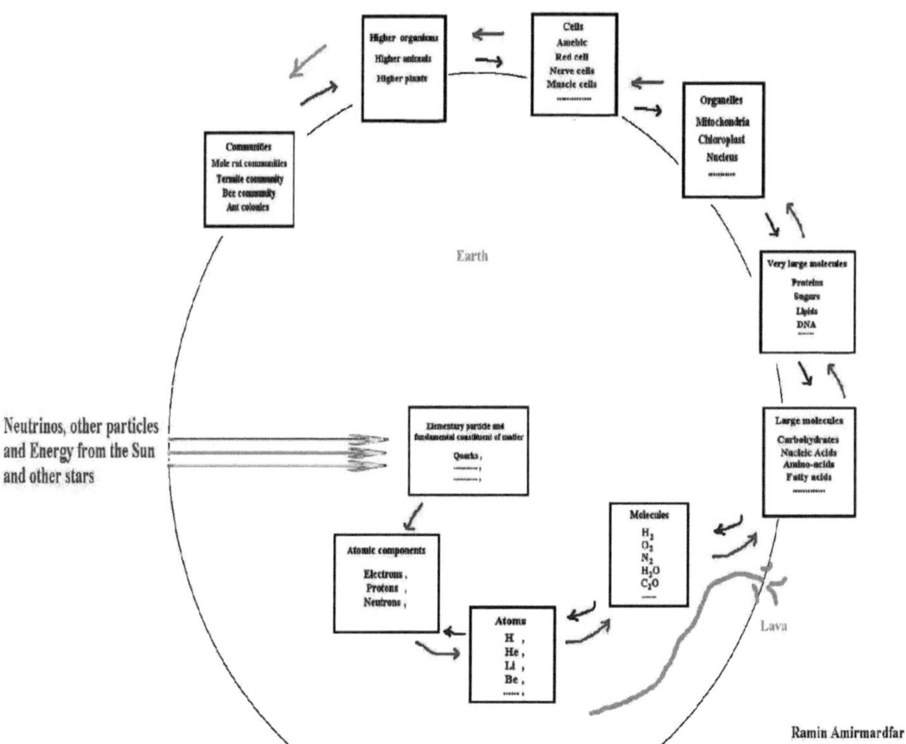

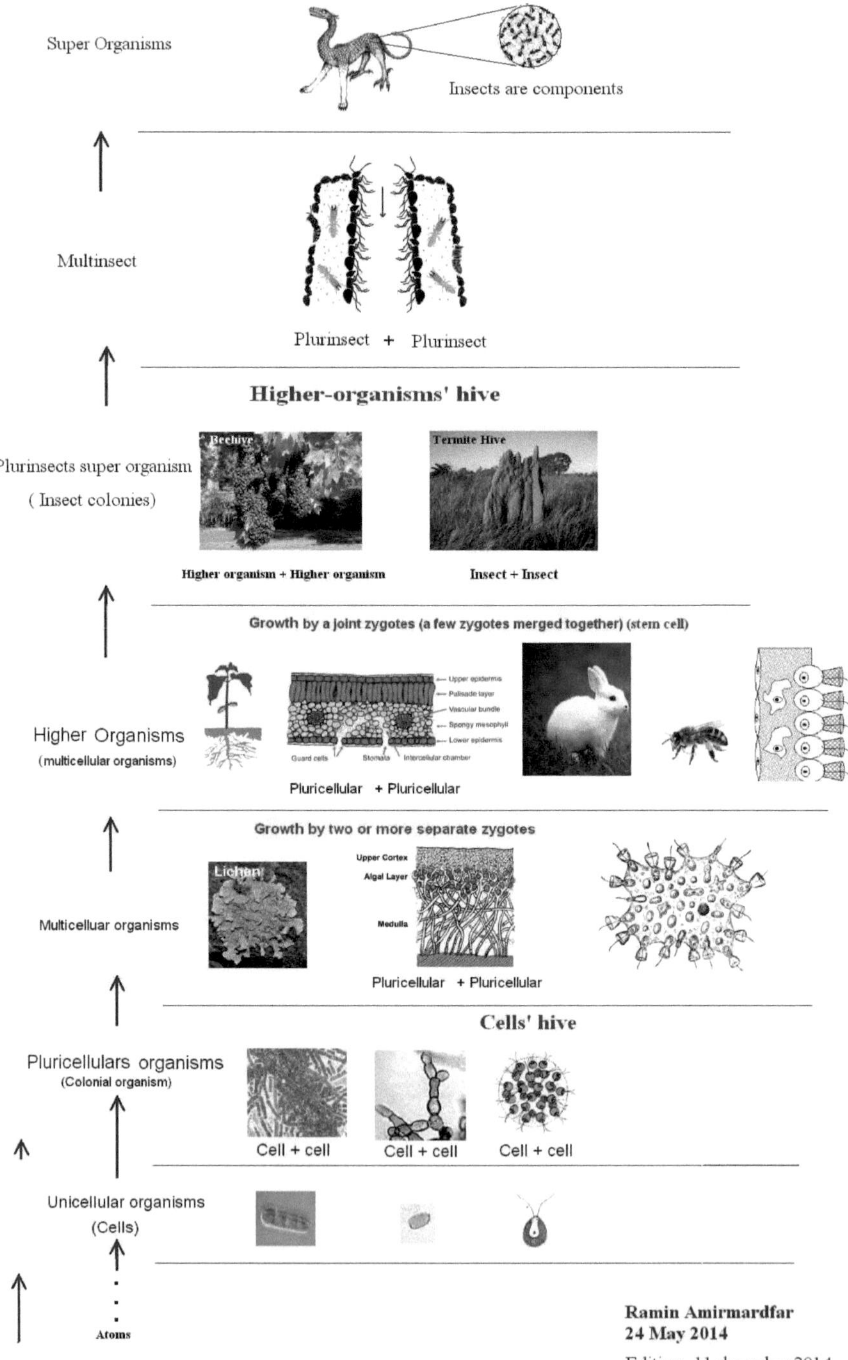

Ramin Amirmardfar
24 May 2014
Editing: 11 desember 2014

Capítulo 21. Principais temas do meu segundo livro

How the appearance of the first animal stem cells?

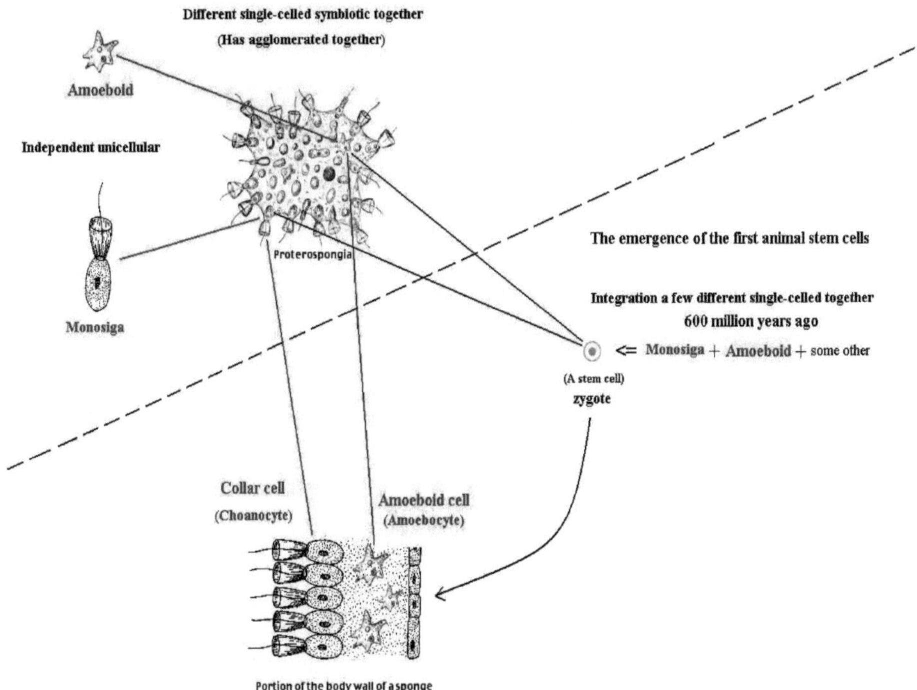

A animal "stem cell" has emerged for the first time on Earth from the merger of tow or several different independent single-celled in 600 mya.

Ramin Amirmardfar
Friday - 2016 08 July

The plant is a high-level lichen

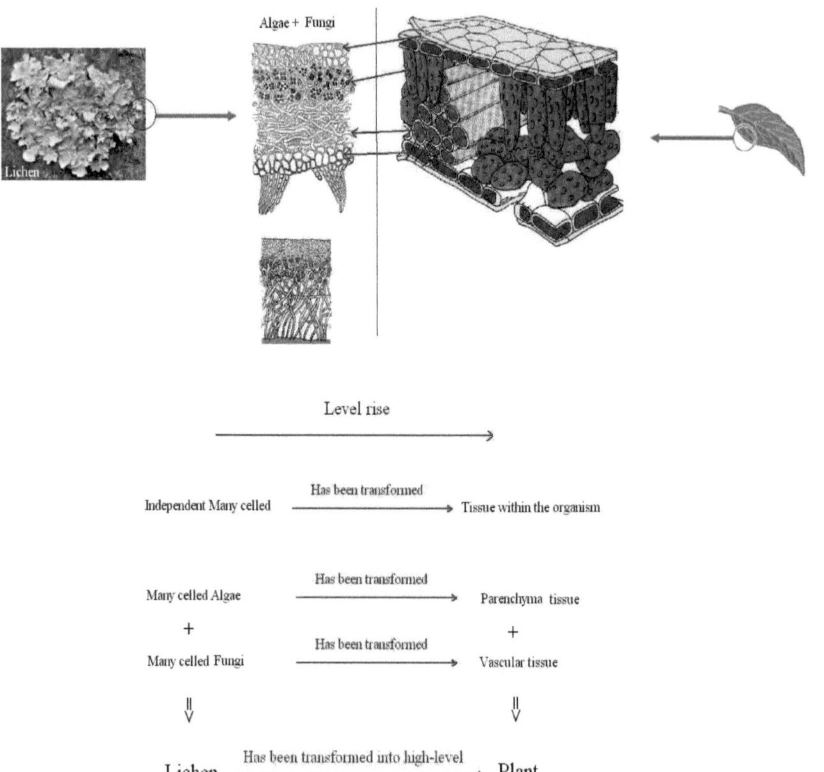

Level rise →

Independent Many celled —Has been transformed→ Tissue within the organism

Many celled Algae —Has been transformed→ Parenchyma tissue

\+ \+

Many celled Fungi —Has been transformed→ Vascular tissue

⇓ ⇓

Lichen —Has been transformed into high-level→ Plant

Ramin Amirmardafr
12 May 2015

Referências

Afshar F. (1980). Paleontologia. Publicações e Impressão da Universidade de Teerão, 223 pp.

Alexopoulos C.J. (1952). Introductory Mycology. John Wiles & Sons Inc., 676 pp.

Ansari F., Abedini A. (1987) What is blood? (Publicado por Azar) 236 pp.

Asimov I. (1966). The Neutrino, Ghost Particle of the Atom (O Neutrino, Partícula Fantasma do Átomo). Publicado por Doubleday ICO Inc., N.Y. U.S.A., 264 pp.

Asimov I. (1972). Asimov's Guide to Science. 670 pp.

Banks H.P. (1964). Evolution and plants of the past. Universidade de Cornel, 324 pp.

Gahreman A. (1983). Botânica básica. Universidade de Teerão, 784 pp.

Gamov G. (1958). Matter, Earth and Sky (Matéria, Terra e Céu). Prentice Hall, Inglaterra, 662 pp.

Gardner E.J. (1972). History of Biology. Universidade Estadual de Utah, Logan, Utah, 478 pp.

Hutchinson G.E. (1965). The ecological theater and the evolutionary play. Universidade de Yale, 139pp.

Lapo A.V. (1993). Traces of Bygone Biospheres. Synergetic Press, 356 pp.

Mardfar R.A. (2000). Relação entre Gravidade e Evolução (A Teoria da Gravidade Crescente), Zeinabe Tabriz, 124 pp.

Mardfar R.A. (2001). O ABC da Evolução. Publicado pelo autor, 58 pp.

Morteza Esmaili. (1992). Agricultural Entomology. Tehran University Publications and Printing, 581 pp.

Oparin A. (1974). The origin of Life. (Nova Iorque, Plenum Press) 355 pp.

Russel B.A. (1964). O ABC da Relatividade. 222 pp. Sergeev B. (Londres, Allen & Unwin,)

Boris sergeev. Fisiologia para todos. Moscovo: Mir Publishers, (1973) 448 pp.

Shojai Mahmoud (1989). Entomology (Vol 1. Morphology and Physiology). Publicações e Impressão da Universidade de Teerão, 430 pp.

Schmidt-Nielsen K. (1997). Animal Physiology (Adaptation and Environment). Cambridge University Press, Cambridge & New York ISBN 978-0521570985

Storer T.I., Usinger R.L., Nybakken J.W., Stebbins R.C. (1981) Elements of Zoology. McGrawHill, 520 pp.

Talate Habibi. (1989). Vol 1. Zoologia geral; Vol 2. Vermes e Moluscos; Vol 3. Artrópodes; Vol 4. Vertebrados. Tehran University Publications and Printing, 514 pp., 413 pp., 407 pp., 651 pp.

Van der Hammen L. (1988). An introduction to comparative Arachnology. SPB Academic Publishing, Haia, 576 pp.

Wikispaces (2012). O Sistema de Transporte dos Mamíferos. http:// bioworldcandor. wikispaces.com/ The+Mammalian+Transport+System.

Printed by Books on Demand GmbH, Norderstedt / Germany